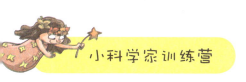

小科学家训练营

小植物里藏得住大学问

小科学家训练营编委会　编

吉林出版集团股份有限公司 | 全国百佳图书出版单位

图书在版编目（CIP）数据

　　小植物里藏得住大学问 / 小科学家训练营编委会编 . — 长春：
吉林出版集团股份有限公司，2014.1（2021.6 重印）
　　（小科学家训练营）
　　ISBN 978-7-5534-4006-4

　　Ⅰ.①小… Ⅱ.①小… Ⅲ.①植物—少儿读物

Ⅳ.① Q94-49

　　中国版本图书馆 CIP 数据核字 (2014) 第 035819 号

小科学家训练营

XIAO ZHIWU LI CANGDEZHU DA XUEWEN

小植物里藏得住大学问

出版策划	孙　昶	
项目统筹	孔庆梅	
项目策划	于姝姝	
责任编辑	于姝姝　韩学安	
项目助理	颜　明	
制　作	（电话：010-52089365）	
开　本	720mm×1000mm　1/16	
印　张	9	
字　数	100 千字	
版　次	2014 年 6 月第 1 版	
印　次	2021 年 6 月第 3 次印刷	
出　版	吉林出版集团股份有限公司（www.jlpg.cn）	
	（长春市福祉大路 5788 号，邮政编码：130118）	
发　行	吉林出版集团译文图书经营有限公司	
	（http://shop34896900.taobao.com）	
电　话	总编办：0431-81629909　营销部：0431-81629880/81629881	
印　刷	三河市燕春印务有限公司（电话：15350686777）	

ISBN 978-7-5534-4006-4　　　　定价：38.00 元

印装错误请与承印厂联系

目 录

目录

目录

目 录

地球上什么时候开始出现植物的?

　　我们赖以生存的地球上生长着许许多多的植物,有人估计,地球上的植物至少有几百万种。那么,地球上最早的植物是什么时候出现的呢?

　　地球上最早的植物出现在海洋中。大约在三十亿年前,地球上出现了蓝藻。蓝藻的出现可以说是植物历史上一次巨大的飞跃。之后,又陆续出现了红藻和绿藻。

在三亿多年前，地球上的气候开始变得温暖湿润起来，陆地上也开始出现了植物。早期的蕨类、高大的银杏等都是在那个时候出现的。后来，地球上又逐渐出现了松柏、木兰、水杉等植物。

到150万年前左右，地球上的植物就越来越多了。不管是在海洋，还是在平原、高山上，到处都生长着各种各样的植物。这些植物可以说是我们现在看到的这些植物的祖先了。

郁郁葱葱的树木，美丽多姿的花朵，绿油油的草地，茂盛的庄稼，等等，正因为有了植物，我们的地球家园才变得更加漂亮。

你知道最原始的植物是什么吗?

通过前一节的介绍，对于这个问题，相信大家一定都能很快地回答出来：藻类。没错，地球上最原始的植物就是藻类。

在植物界中，藻类是一类没有真正的根、茎、叶，营自养生活的植物。藻类植物的适应能力非常强，不管环境有多么恶劣，它们都能顽强地生长。

最早出现的植物是什么?

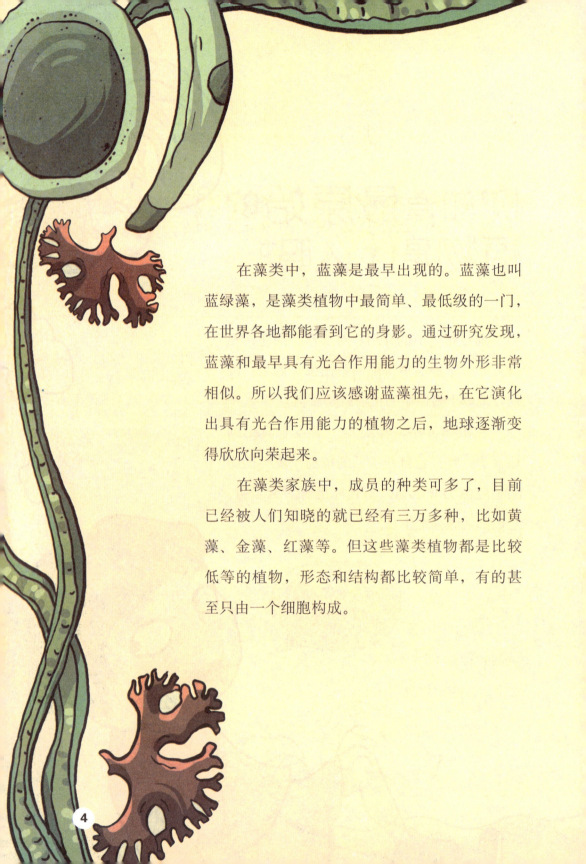

在藻类中，蓝藻是最早出现的。蓝藻也叫蓝绿藻，是藻类植物中最简单、最低级的一门，在世界各地都能看到它的身影。通过研究发现，蓝藻和最早具有光合作用能力的生物外形非常相似。所以我们应该感谢蓝藻祖先，在它演化出具有光合作用能力的植物之后，地球逐渐变得欣欣向荣起来。

在藻类家族中，成员的种类可多了，目前已经被人们知晓的就已经有三万多种，比如黄藻、金藻、红藻等。但这些藻类植物都是比较低等的植物，形态和结构都比较简单，有的甚至只由一个细胞构成。

为什么植物会"出汗"呢?

盛夏的早晨,如果你仔细观察,很容易在一些植物,比如杨树、黄瓜等植物的叶子上看到一颗颗明亮晶莹的小水珠。咦,这是怎么回事?难道植物也会"出汗"吗?

其实,植物的这种"出汗"现象叫"吐水"。植物在生长的过程中,需要从土壤中吸收大量的水分,到了晚上,尤其是没有风且闷热的夜晚,气温降低了,湿度也很大,所以植物体内的水分蒸发得就比较少了。这个时候,体内多余的水分就会通过叶子上分布的小小的孔洞向外排放出来。于是,在叶子上就结成了小水珠,乍看上去,就好像是出汗了一样。

其实,植物这种"出汗"的现象,不但可以将身体中多余的水分散发出去,而且还可以将体内的一些多余矿物质也都排泄掉,有利于自身的生长。

植物也要呼吸吗?

　　大家都知道，我们人类以及动物要生存，就要通过鼻子或者嘴进行呼吸，将空气中的氧气吸进身体中，再将身体中产生的二氧化碳排出体外。那么植物是不是也需要呼吸呢?

　　当然了，植物要生存，也需要呼吸。白天的时候，因为有阳光，植物要进行光合作用。可是到了晚上，没有阳光了，光合作用就不能进行了。这个时候，植物就只能进行呼吸作用了，和我们人类一样，也是吸收氧气，呼出二氧化碳。

可是，植物没有鼻子和嘴，又是怎么呼吸的呢？

这你就不知道了，其实，在植物的身上，存在很多"鼻孔"呢。这些"鼻孔"就是植物叶子上的孔洞，而植物就是通过这些孔洞完成呼吸的。这些孔洞非常小，我们用肉眼是根本看不到的。在叶子的背面，也有很多这样的小孔洞，白天的时候，它们打开，晚上的时候就闭合了。

植物的这种呼吸叫作"光呼吸"，和光合作用有密切的关系。植物的呼吸需要消耗掉一部分氧气，来分解体内的有机物。这些有机物被分解后，就会将能量释放出来，成为植物生

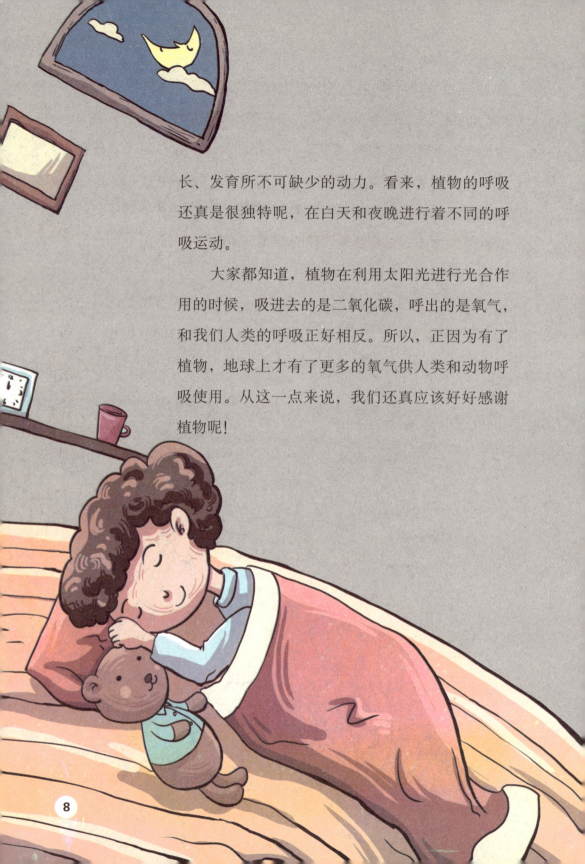

长、发育所不可缺少的动力。看来，植物的呼吸还真是很独特呢，在白天和夜晚进行着不同的呼吸运动。

大家都知道，植物在利用太阳光进行光合作用的时候，吸进去的是二氧化碳，呼出的是氧气，和我们人类的呼吸正好相反。所以，正因为有了植物，地球上才有了更多的氧气供人类和动物呼吸使用。从这一点来说，我们还真应该好好感谢植物呢！

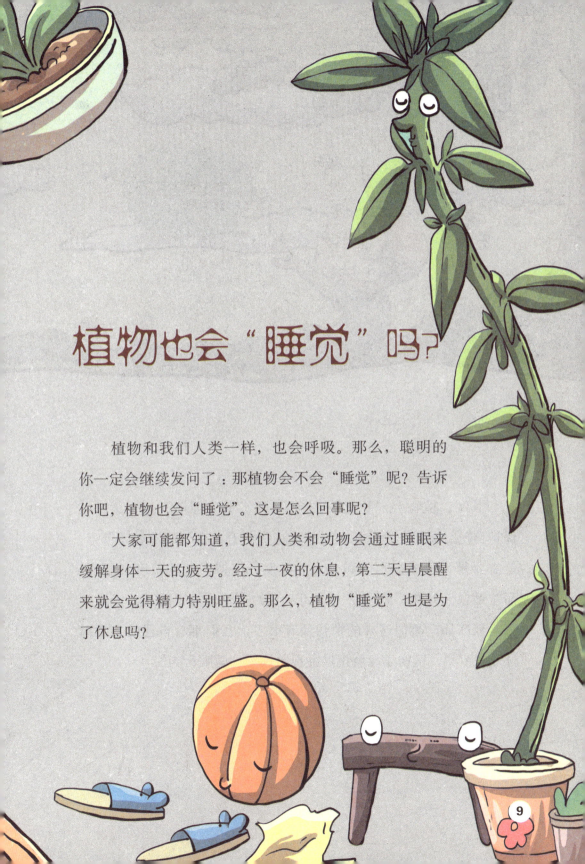

植物也会"睡觉"吗?

　　植物和我们人类一样，也会呼吸。那么，聪明的你一定会继续发问了：那植物会不会"睡觉"呢？告诉你吧，植物也会"睡觉"。这是怎么回事呢？

　　大家可能都知道，我们人类和动物会通过睡眠来缓解身体一天的疲劳。经过一夜的休息，第二天早晨醒来就会觉得精力特别旺盛。那么，植物"睡觉"也是为了休息吗？

　　其实，植物会"睡觉"，主要是为了适应环境，同时还可以保护自己。比如，合欢树的叶子在白天打开，到了晚上就闭合了，这主要是为了减少水分和热量的散发，保持一定的湿度和温度；而雏菊白天开花，到了晚上也闭合了，主要是为了防止其娇嫩的花蕊被冻坏。类似这样的植物还有很多，它们都有自己的日常循环或者节奏，植物学家就把这种现象称为"睡眠行为"。

为什么植物开花的时间有长有短呢?

很多植物都有开花的习性，但花期却不一样，有的花期比较长，有的花期比较短。在我们的印象中，昙花的花期最短，一般只在晚上九点左右开，只开两三个小时。因此还有一个成语叫"昙花一现"，用来形容美好的事物出现的时间非常短暂。但实际上，花期最短的并不是昙花，而是小麦的花，一般情况下，每朵花只开几分钟就凋谢了。除了小麦花、昙花外，花期比较短的还有我们常见的紫茉莉、月见草等，通常一个晚上就凋谢了；而丁香在合适的温度下花期会持续十天左右；铁树的花期可以长达五十多天。

为什么植物开花的时间都不一样，有的长，有的短呢？其实，植物开花时间的长短，是植物长期形成的习性。因为植物的种类不同，所以花期的差别也比较大。

植物开花时间的长短还和温度有很大的关系，有的植物开花需要低温，有的植物开花需要高温。植物刚在长出花蕾时，是植物发生重要变化的时期。这个时候，很多条件都会影响到植物，其中最重要的就是温度和日照时间了。就拿水仙花来说，假如温度在15℃以下，一朵花可以开放十几天，但如果温度过高了，那么花朵反而会过早地凋谢。

植物的花朵是需要授粉的。在花园中，我们经常能看到蜜蜂、蝴蝶在花丛中飞舞，它们也在间接地帮助花朵授粉呢。假如植物授粉的条件不够，花期也会延长。比如说葡萄花，一般会开五六天，但如果将花上的雄蕊摘去，套上一个纸袋子，因为没有授粉，所以在十天后，你还会看到柱头上有鲜灵的黏液。但假如这个时候给它授粉的话，用不了几个小时，柱头就会蔫下去了。

13

植物的根都在土里吗?

我们在观赏植物的时候，经常会看到植物那美丽的花朵、翠绿的叶子、珍贵的果实，很少注意到生长在地下的根。对于植物的根，我们应该不陌生，就是植物长在土中的、又细又长、盘根错节的部分。根是植物的重要器官，植物正是依靠根来吸收水分和营养，然后通过许多细小的管道输送到植物的全身，植物才会长得

更快、更好。在阴暗潮湿的土壤中，根默默地工作着，担负着重要的任务。可是，植物的根是不是都长在土里呢？

大部分植物的根都长在泥土中，根会紧紧抓住泥土，这样植物才能"站立"在地面上，并获得其生存所必需的养分。

但是，并不是所有植物的根都长在泥土中，比如在我国南方有一种榕树，长得非常高大，还有"独木成林"的说法。这种树的树干和树枝上就生出很多不定根，一根根垂吊下来，就像老人的胡须一样，随风飘来飘去。这种根又叫"气生根"，能够吸收空

气中的水分，还具有呼吸的功能。

  在热带雨林，空气的湿度很大，有很多花草不从土壤中吸收必要的水分和养料，比如热带兰、鸟巢蕨等。它们会附生在树干的树皮上，依靠裸露在空气中的根去吸取空气中的水分，并从一些枝杈上的枯枝吸收养料。

  在沼泽或者海滩上，生长着很多植物。因为这些地方的淤泥中缺少足够的氧气，于是，这些植物的根就会向上生长，露出地表，在空气中自由地呼吸。这种根被称为"呼吸根"。

  还有水生植物的根，也不是生长在土里，比如水葫芦、水仙等，它们的根就完全生长在水中。

为什么长在水中的植物不会腐烂呢?

　　大家都知道，一般的植物浇水过多就会导致根茎腐烂。庄稼地中的玉米、大豆等农作物如果遇水过多，也会被淹死，时间长了就会腐烂。可是，为什么那些长在水中的植物，比如荷花、浮萍等却不会腐烂呢?

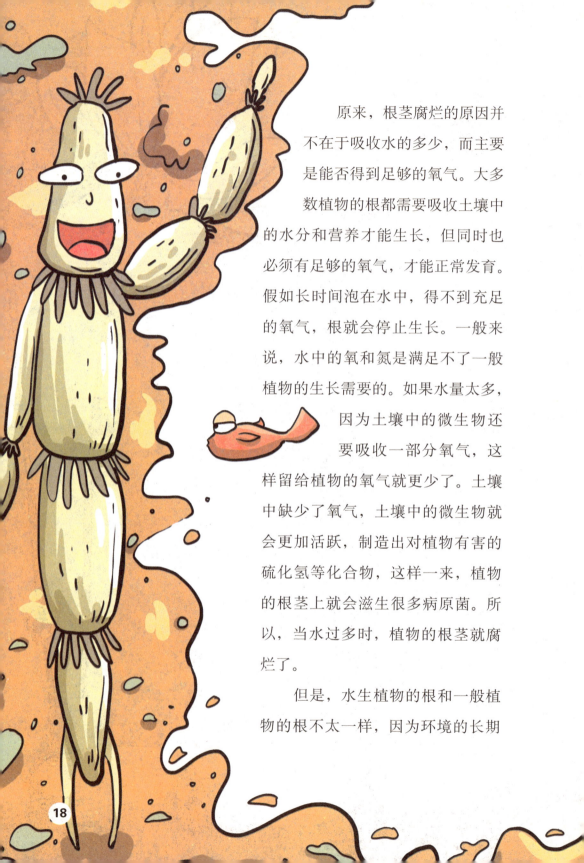

原来，根茎腐烂的原因并不在于吸收水的多少，而主要是能否得到足够的氧气。大多数植物的根都需要吸收土壤中的水分和营养才能生长，但同时也必须有足够的氧气，才能正常发育。假如长时间泡在水中，得不到充足的氧气，根就会停止生长。一般来说，水中的氧和氮是满足不了一般植物的生长需要的。如果水量太多，因为土壤中的微生物还要吸收一部分氧气，这样留给植物的氧气就更少了。土壤中缺少了氧气，土壤中的微生物就会更加活跃，制造出对植物有害的硫化氢等化合物，这样一来，植物的根茎上就会滋生很多病原菌。所以，当水过多时，植物的根茎就腐烂了。

但是，水生植物的根和一般植物的根不太一样，因为环境的长期

作用，使得它具有一种适应水中生活的独特本领。水生植物不但能够吸收水中的氧气，即使是氧气很少，也能正常呼吸。

另外还有一些水生植物，为了适应环境，在身体上还有一些特殊的结构。比如莲藕，它不但浸入水中，还深深地埋在泥泞的池塘底部，空气根本无法流通，这样时间长了肯定会造成呼吸困难，但是大家不要担心，因为在藕中有很多大小不等的孔，这些孔和叶柄上的孔相通，而在叶子内还有很多间隙，也和叶子上的气孔相连，这样，埋在泥土中的莲藕就能通过叶面呼吸空气　而正常地生活了。

正是这种适应水中生活的特殊功能和特殊构造使得水生植物能够在水中生长而不腐烂。

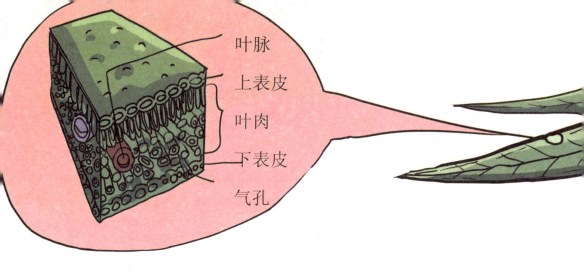

植物的叶子有什么作用呢?

在一株植物上，叶子可以说是最为重要的营养器官之一。虽然表面看起来，叶子很小，也很不起眼，但在植物的生长过程中，可是扮演着至关重要的角色。

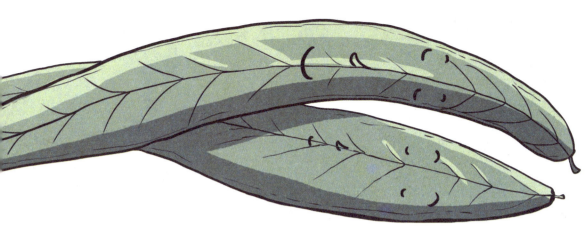

　　叶子的功能有很多，比如进行气体交换、蒸腾水分、贮藏营养等，但叶子最重要的功能还是进行光合作用，制造出植物生长所需要的养分。

　　每一片叶子都像是植物的"绿色加工厂"。叶子主要分为三个部分：表皮、叶肉和叶脉。表皮就像是这个"工厂"的围墙；叶肉则是"工厂"的生产车间，里面含有叶绿体，叶绿体中又含有叶绿素；而叶脉则是"工厂"中的传输系统。在叶子的表面，有很多小气孔，这些气孔可以看作"工厂"的入口，"工厂"所需要

的原料，比如二氧化碳等，就是通过这里运进去的。在阳光的照射下，叶绿素将二氧化碳和水分加工成植物所需要的养分，这个生产过程就是植物的光合作用。

　　叶子是植物身体的一部分，也和我们人类一样是有生命的，所以也会死亡。我们都知道，叶子在春天的时候长出来，夏天的时候生长，到了秋天就凋谢了。就这样，叶子走完了一个完整的生命旅程。另外有些看似四季常青的树木，实际上它们的叶子的寿命也是非常短暂的，比如，松柏的叶子一般能活三到五年，紫杉的叶子能活六到十年。因为这些树木总是老叶还没落下的时候，新叶就长出来了，所以我们看到的情形总是绿叶常在。

　　叶子的形状千姿百态，有扇形的、心形的、针形的，等等。世界上没有两片完全相同的树叶，即使在同一棵树上，也找不到两片完全相同的叶子。你看，这小小的一片叶子，里面的奥秘还真是不少呢！

真奇妙，世界上没有两片长得一样的叶子！

花儿怎么有那么多颜色呢?

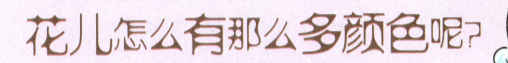

一说到花，我们马上会联想到五彩缤纷、色彩艳丽等词语。白色的看着素雅，红色的看着喜庆……那你有没有想过，为什么花儿会有那么多种颜色呢?

花儿有颜色主要是因为花瓣里存在着各种各样的色素。如果你仔细观察，就会发现：大多数花儿的颜色，基本上都在红色、蓝色、紫色这三种颜色之间变化，还有一些是在黄色、红色和橙色三种颜色之间变化。

在红色、蓝色、紫色三种颜色之间变化的花朵，主要是花青素在起作用。花青

素是很容易变色的，比如温度或者酸碱度等变化了，花朵就会呈现出不同的颜色。

而在黄色、红色、橙色这三种颜色之间变化的花朵，主要是类胡萝卜素在起作用。

花儿中含有的酸碱浓度不一样，再加上日照、水分和温度等差别，花朵就会呈现出各种各样的颜色了。

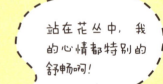

站在花丛中，我的心情都特别的舒畅啊！

花的香味是从哪儿来的?

春天来了，花园中各种花卉争相开放，灿烂夺目，空气中也到处弥漫着阵阵花香。那么，花的香味是从哪儿来的呢？为什么有的花很香，有的花不香呢？

大家都知道，我们人类有感觉器官，但植物却没有，也不可能"有意"地制造出一些香味成分。要想知道花香的来源，首先我们要了解一下花瓣的结构。

花瓣可以分为三个部分：表皮、薄壁组织和维管组织。在表皮上，有很多独特的乳头状突起，这就是腺毛。在薄壁组织中，有很多带有香味的油细胞。这些油细胞能够分泌出有香气的芳香油。这种芳香油的挥发性很强，可以通过腺毛散发到空气中，使得花散发出诱人的香味。

　　因为各种花的芳香油不一样，所以花的香味也就不同。芳香油在阳光下散发得非常快，所以我们会发现，在阳光明媚的时候，花的香味特别浓，而且老远就能闻到香味。

　　但是，并不是所有的花中都含有芳香油。有的花没有芳香油

也一样能散发出香味，那这样的花香又是怎么来的呢？原来，在这些花的花瓣细胞中含有一种特殊的物质，叫配糖体。配糖体不会像油细胞那样散发香气，然而，在植物进行新陈代谢的过程中，配糖体经过酵素作用分解，就会产生出一定的糖和可挥发的各种香料。

一般来说，白色的和淡黄色的花香味最浓，其次是紫色、浅蓝色、黄色的花。当然，花的香味也和花的种类有一定关系。此外，因为植物所处的地理环境和生长环境不同，也会导致花分泌芳香油和分解配糖体的能力不一样，所以，花的香味就有浓有淡。据统计，自然界中植物的花，有80%左右并不香，一小部分还有臭味呢！

真的有绿色的花吗?

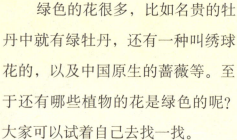

　　我们平时见过的花有白色的、红色的、黄色的、紫色的，等等，色彩斑斓，十分鲜艳。花的颜色有很多，但就是没有绿色的花。这你可说错了，其实，在花的海洋中，绿色的花并不少见。

　　通过前面的介绍，我们知道，花之所以有多种颜色，是因为里面含有不同的色素。我们平时几乎看不到绿色的花，这是因为形成绿色的色素主要是叶绿素，一般存在于植物的茎叶组织中，而花瓣中很少。而且人们大多喜欢绚丽多彩的花，因为这样的花具有观赏价值，可以美化环境，因此在人们的心目中，好像根本就不存在绿色的花。

　　绿色的花很多，比如名贵的牡丹中就有绿牡丹，还有一种叫绣球花的，以及中国原生的蔷薇等。至于还有哪些植物的花是绿色的呢？大家可以试着自己去找一找。

为什么黑色的花很少呢?

前面我们介绍过,花之所以有五颜六色,是因为花瓣内含有各种各样的色素。但是,不知道你注意过没有,我们经常会看到红色的、白色的、紫色的、黄色的等各种颜色的花朵,但很少有黑色的花。那么,到底有没有黑色的花呢?

五颜六色的花很多,但为什么没有黑色的花呢?

在植物世界中，黑色的花也是有的，只不过很稀少。全球三十多万种植物中，只有八种植物开黑色的花。

黑色的花之所以如此稀少，主要是太阳光辐射和花本身的生理特点决定的。不知大家是否知道，构成太阳光的有效光线共有七种，这些光线所含有的热量也不一样，有的多，有的少。在植物世界中，花朵的红、黄、蓝、橙等颜色能够反射含有高热量的有色光，保护其植株免遭高温的灼伤，所以，这些颜色具有保护花果的功能。

但黑色的花正好相反，黑色吸收热量的能力非常强，可以吸收太阳的全部光波，在阳光下，升温非常快，这样花的组织就

很容易受到伤害。经过长期的自然淘汰，黑色的花自然就所剩无几了。

此外，花需要经过昆虫的授粉才能繁衍后代，蜜蜂、蝴蝶等昆虫和我们人类一样，也喜欢漂亮的花朵，但黑色的花很不鲜艳，不好看，这样就不能吸引昆虫前来给它授粉，所以繁衍后代也就成了问题。

正由于这种种原因，才导致植物世界只有八种黑色的花了。有的人可能会觉得蔷薇有时会开黑色的花，但我要告诉你，蔷薇开的并不是黑色的花，如果你仔细观察的话，就会发现，那花是深红色或者紫色的，因为阳光的照射才显出黑色。

无土栽培是怎么回事？

在人们的印象中，大多数植物都是在土中生长的，因为它需要利用根部从土壤中吸取养分和水分。可以说，土壤就是植物生活的家园。但是，没有土壤，黄瓜、番茄等植物也都照样能生长。咦，这是怎么回事？

原来，随着科技的发展，人们发现，植物的生长其实不一定非要土壤不可，用各种营养液也能栽培蔬菜。这就是如今最受人们欢迎的无土栽培。

无土栽培，顾名思义，就是不用土壤栽培植物的一种技术。不用土壤用什么呢？用化学营养液。营养液可是无土栽培的关键，不同的作物用不同配方的营养液，但植物生长所需要的最基本

的元素，比如氮、磷、钾等都是要有的。
当然，无土栽培也需要有适宜的温度、
水和光线等条件。

　　那么，这种无土栽培出来的黄瓜、
番茄等和有土栽培出来的，在味道上有
什么不同呢？哈哈，这个就需要你自己
去体会了！

植物怎么还能吃"肉"呢?

　　动物吃植物,这看起来是很正常的一件事,没有什么可奇怪的。但是,如果说植物吃动物,可就有点儿稀奇了,大家一定会觉得非常惊讶。大千世界,无奇不有,在植物世界,还真就有一类植物能捕食动物呢!

　　这种能吃"肉"的植物被称为食肉植物。这也是植物世界中

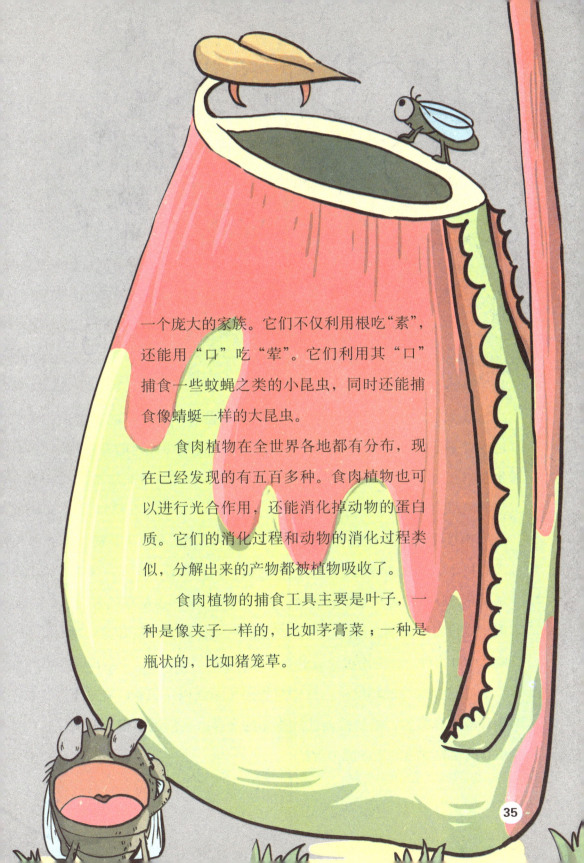

一个庞大的家族。它们不仅利用根吃"素"，还能用"口"吃"荤"。它们利用其"口"捕食一些蚊蝇之类的小昆虫，同时还能捕食像蜻蜓一样的大昆虫。

食肉植物在全世界各地都有分布，现在已经发现的有五百多种。食肉植物也可以进行光合作用，还能消化掉动物的蛋白质。它们的消化过程和动物的消化过程类似，分解出来的产物都被植物吸收了。

食肉植物的捕食工具主要是叶子，一种是像夹子一样的，比如茅膏菜；一种是瓶状的，比如猪笼草。

南北极能生长植物吗？

在大家的印象中，南极和北极全都覆盖着一层厚厚的冰雪，可以说是地球上最冷的地方了。那在这样的环境中，还能有植物生长吗？告诉你吧，就是在这样寒冷的极地，也同样生长着植物。它们以顽强的生命力和冰雪作斗争。

南极地区气候干燥、寒冷、风大，所以这里的植物不是很多，没有树木，没有高等植物，能开花的植物只有三种，其中一种是垫状草，还有两种是发草属植物。而北极地区虽然也是寒风凛冽，但毕竟没有南极那么酷寒，所以这里的植物比较多，仅开花植物就达900多种，还有南极没有的裸子植物等。

在这样寒冷的环境中，这些植物仍然顽强地生长着，看来不管环境怎样恶劣，植物都能绽放生命的光彩。我们也不得不佩服植物的这种顽强的适应能力呀！

为什么秋天的树叶会变黄、变红呢?

秋天到了,叶子变黄了!

每到秋天,放眼望去,所见到的大部分树木就开始满枝金黄。但也有一些树叶

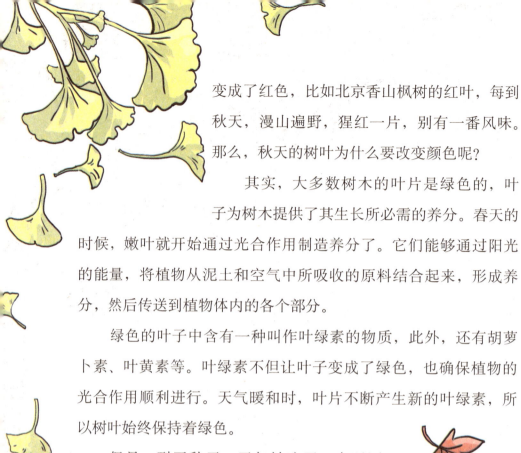

变成了红色，比如北京香山枫树的红叶，每到秋天，漫山遍野，猩红一片，别有一番风味。那么，秋天的树叶为什么要改变颜色呢？

其实，大多数树木的叶片是绿色的，叶子为树木提供了其生长所必需的养分。春天的时候，嫩叶就开始通过光合作用制造养分了。它们能够通过阳光的能量，将植物从泥土和空气中所吸收的原料结合起来，形成养分，然后传送到植物体内的各个部分。

绿色的叶子中含有一种叫作叶绿素的物质，此外，还有胡萝卜素、叶黄素等。叶绿素不但让叶子变成了绿色，也确保植物的光合作用顺利进行。天气暖和时，叶片不断产生新的叶绿素，所以树叶始终保持着绿色。

但是，到了秋天，天气转凉了，光照逐渐减少了，树木就会停止制造养分了。植物的光合作用结束了，也不再需要叶绿素了，其

哇，快看，是红色的枫叶！

合成就会受到阻碍。这样一来，
杨树、柳树、银杏等叶片中的
叶黄素就相对增多了，于是，
树叶就变成了黄色。而枫树、
黄栌等树木到了秋天后，红色的花青素就相对增多了，这个
时候，叶片就变成了红色。

　　这时，聪明的你肯定会产生疑问：有的树叶到秋天就不会
变成黄色或者红色，比如那些常青树。没错，常青树的叶子全
年看起来都绿绿的，但
是，如果你仔细观察的
话，在常青树上会看到
夹杂着一些黄色和绿色
的树叶。只不过常青树的树叶不会
一起改变颜色，而是根据季节的不
同，先长出来的叶子先改变。所以，
我们看到的常青树的叶子大部分就
是绿色的了。

为什么这棵树的叶
子都变黄了，掉光
了，那棵树的叶子
却还是绿的？

植物中都含有叶绿素吗?

叶绿素是一种色素，其主要任务就是尽可能多地吸收阳光。假如没有叶绿素，植物就有可能饿死。其实，我们看到的植物呈绿色，也和叶绿素有关。因为叶绿素是绿色的，所以植物看起来就是绿色的。那么，是不是所有的植物中都含有叶绿素呢?

答案是否定的。在植物世界中，有的植物就不含叶绿素，比如说天麻。

大家对"天麻"这个名字不应该陌生，因为它可是一味珍贵的药材。天麻主要生长在潮湿的林下等地方。它没有根，也没有叶绿素，那它是怎么获取营养的呢？原来，天麻还有一个帮手，就是蜜环菌。蜜环菌可以寄生在树根或者树干上，而天麻的营养就是通过蜜环菌提供的。

其实，不含叶绿素的植物不止天麻一种，还有生长在落叶堆中的水晶兰。它全身雪白，在落叶堆中非常显眼，很容易看出来。此外，还有独丽花等。

为什么有些水果成熟后会变甜呢?

我们平时吃的很多水果都有一个共同的特点:生长的时候是又酸又硬又涩,但是等到成熟了之后却又甜又香,比如苹果、桃子、梨等。这是为什么呢?

一般的水果中除了水分之外,就是糖分和酸了。果实中的糖主要有葡萄糖、果糖和蔗糖,所以我们吃起来会感觉到甜。

那水果中的糖分是怎么来的呢?

苹果真甜!

其实这些糖分是淀粉转化而来的。一般来说，未成熟的水果，也就是生水果中不含有淀粉，所以也就没有什么甜味。当果实慢慢长大后，淀粉就逐渐增加了。但在它没有转化为糖分之前，果实依旧没有甜味。直到果实成熟了，淀粉才逐渐转变成糖，这个时候的水果吃起来就有甜味了。

此外，水果中还含有一些有机酸，比如苹果酸、柠檬酸等。没有成熟的水果的有机酸含量特别高，比如柑橘、葡萄等，所以这个时候的水果吃起来也比较酸。当果实在慢慢成熟的过程中，一部分酸转化为糖，还有一部分酸被一些碱化物质中和。这样，果实内的酸度就逐渐降低了，糖分在慢慢增加，这也是成熟的水果吃起来有甜味的一个原因。

一般来说，水果即将成熟时，如果温度高，日夜温差大，成熟的水果就甜，比如新疆吐鲁番的葡萄，吃起来非常甜，就有这方面的原因；而温度低，热量不足，水果吃起来就比较酸一些，比如东北高寒地区的葡萄，吃起来就比较酸。

果实从生到熟，看起来是很普通的事，但是，其中却蕴含着很多化学道理呢！等我们再长大一些，学了化学就能弄懂其中的奥秘了！

植物中的"舞林高手"是谁呢?

植物世界中，有很多奇特的植物，比如合欢树的叶子会随着日出日落而张开闭合，含羞草的叶子会因为触碰而低下"头"去。但是，还有一

我会跳优美的舞蹈，植物也会跳舞吗?

种植物，会跟随音乐一
扭一扭地摇摆自己的"屁
股"，这是不是很让人惊
讶啊？这种植物被称为植物界中的"舞林高手"，
它就是舞草。

你可别以为舞草是一种草，实际上它是一
种树木。舞草真的会跳舞吗？没错，它所有的舞
步都是由叶子完成的。其实，舞草只要听到 70 分贝
左右的声音就会跳起舞来。

舞草的叶子是由三片小叶共同组成的，排列得就
像扑克牌中的梅花。当听到声音时，叶子就会上下摆
动，甚至还会做出 360 度的旋转。而且，三片小叶摆
动的速度还不一样，有的快，有的慢，看上去很有节
奏感。有时其中两片小叶一同向上合拢；有时一片向
上，一片向下。

你们说，我们是不是应该将舞草称为植物中的"舞
林高手"呀？

浮萍是一种什么植物呢?

　　有时，我们在池塘或者湖泊中经常能看到像一片片绿色的叶子的植物，这就是浮萍。从其名字我们就能猜到，它是一种漂浮在水面上的植物。

　　浮萍也叫青萍、田萍等，只由几片小叶子和须根组成，是最小的有花植物之一。它的整株植物体都是绿色的，有一条长三四厘米的根，垂在水里。其实，浮萍的"叶子"并不是真正的叶子，而是由茎变化来的叶状体。

这么小的浮萍，是不是很容易被风吹翻呢？这你可猜错了，在浮萍叶状体的背面，有很多个小须根，这些小须根起到了固定的作用。即使有再大的风，浮萍也不会被掀翻。

浮萍的花是白色的，但特别小，只有针头大小，一般需要用显微镜才能看清楚。你可别小瞧这小小的浮萍哦，它能吸收从农田里流出来的化肥成分。由此看来，浮萍还是人类净化水质的好帮手呢！

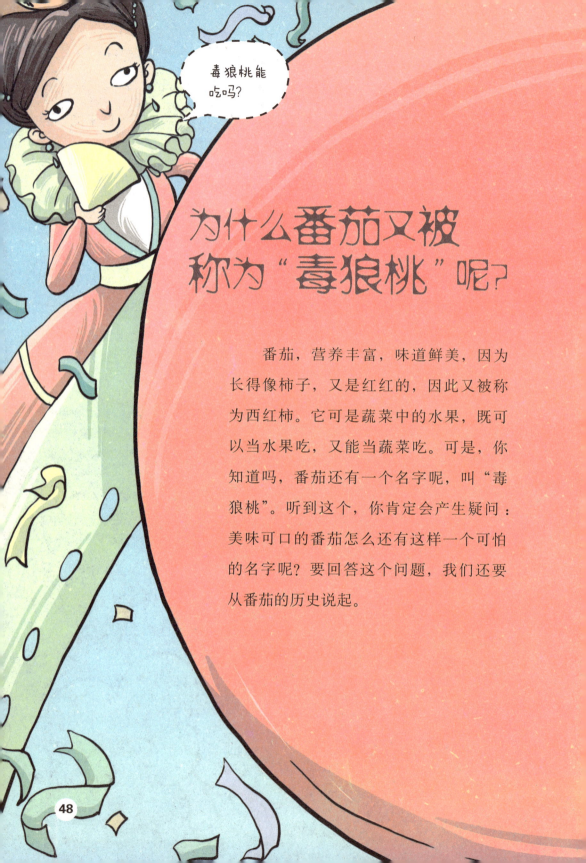

毒狼桃能
吃吗?

为什么番茄又被称为"毒狼桃"呢?

　　番茄,营养丰富,味道鲜美,因为长得像柿子,又是红红的,因此又被称为西红柿。它可是蔬菜中的水果,既可以当水果吃,又能当蔬菜吃。可是,你知道吗,番茄还有一个名字呢,叫"毒狼桃"。听到这个,你肯定会产生疑问:美味可口的番茄怎么还有这样一个可怕的名字呢?要回答这个问题,我们还要从番茄的历史说起。

番茄最早产于南美洲，当时，它是一种在野外生长的浆果，没有人食用它。因为番茄在没有成熟的时候，里面含有一种叫龙葵碱的物质，这种物质进入人体后，就会被胃酸溶解，对胃肠黏膜产生强烈的刺激作用，从而引起呕吐、头晕等症状，严重时还会出现中毒现象。因此，当地人给它起了"毒狼桃"这个名字，说明它是一种很可怕的植物。

后来，有一个名叫俄罗达里的公爵来到美洲，看到了番茄。他觉得番茄红红的果实，绿绿的叶子，非常好看，于是就将其带

敬爱的女王，这是我送给您的礼物。

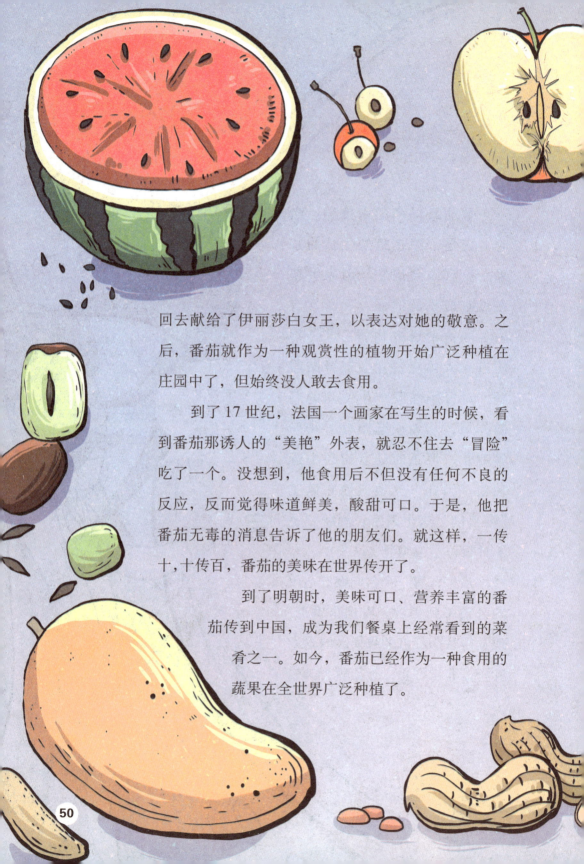

回去献给了伊丽莎白女王，以表达对她的敬意。之后，番茄就作为一种观赏性的植物开始广泛种植在庄园中了，但始终没人敢去食用。

到了 17 世纪，法国一个画家在写生的时候，看到番茄那诱人的"美艳"外表，就忍不住去"冒险"吃了一个。没想到，他食用后不但没有任何不良的反应，反而觉得味道鲜美，酸甜可口。于是，他把番茄无毒的消息告诉了他的朋友们。就这样，一传十，十传百，番茄的美味在世界传开了。

到了明朝时，美味可口、营养丰富的番茄传到中国，成为我们餐桌上经常看到的菜肴之一。如今，番茄已经作为一种食用的蔬果在全世界广泛种植了。

香蕉的果实里怎么没有种子呢?

　　大家平时在吃一些水果，比如苹果、西瓜、葡萄等时，总会在里面发现一粒粒的种子，但是在吃香蕉的时候，却没有看到种子。咦，香蕉的果实里怎么没有种子呢?

　　香蕉的老家在热带地区，在人们的印象中，好像香蕉生来就是没有种子的，但实际上，这种想法是错误的，香蕉也是有种子的。

　　在植物世界，有花植物都会开花、结子儿，香蕉是一种有花植物，当然也不例外。香

香蕉怎么不像苹果一样有核呢?

蕉的花色因为品种的不同而有一定的区别；香蕉的果实呈长柱形，弯曲成月牙的形状。果肉香甜可口，是常见的美味水果之一。其实，最为原始的香蕉果实里面不但有种子，而且也很多、很大，果肉反而比较少。但是后来，逐渐开始人工栽培香蕉，人们将那些果肉少、种子多且硬的香蕉淘汰掉，只留下那些种子少、果肉多的香蕉。

再后来，又经过长期的培育和改良，在灌溉、施肥和选择土壤的条件下，野生的香蕉逐渐向着人们希望的那样发展：种子逐渐退化，改变了其坚硬的本性，果肉也变多了，而且味

原来香蕉有种子！

道甜美，香味浓郁。这样的香蕉被一代一代地传了下来，种子就逐渐变得特别少了，有子儿的香蕉逐渐变成了没籽的香蕉。其实，你在吃香蕉的时候，可以仔细观察一下，在香蕉果肉里会看到一排排褐色的小点，那就是退化的种子。

看到这里，你肯定又会产生疑问了：香蕉没有种子，那怎么繁殖后代呢？这一点我们大可不必担心，因为果农会将香蕉根部的幼芽分离出来，然后就可以进行繁殖了。

草莓上为什么有那么多疙瘩呢?

　　草莓,也叫洋莓、红莓,最初产于欧洲,后来传到中国,很受欢迎。大家在吃草莓的时候,可能会注意到,在那红红的草莓表皮上面,长着很多芝麻粒大小的疙瘩,你知道那些疙瘩到底是什么吗?

　　要想知道这些疙瘩是什么东西,我们还要先来了解一下草莓的花。草莓的花内有很多雌蕊,这些雌蕊附着在花托上面。草莓在成熟的过程中，花托也在慢慢地长大。我们吃的草莓实际上就是这些长大的花托。桃子、李子等果实一般只结一粒种子，但草莓却有很多种子，就是我们在草莓表面上看到的那些小疙瘩。

在各种水果中，草莓维生素 C 的含量是排在前列的。此外，草莓还含有很多苹果酸，对人的身体很有好处，而且据说对治疗风湿病也有很大的帮助呢！

现在我们知道了，草莓上的疙瘩就是草莓的种子。即使是将草莓做成草莓酱，这些子也是弄不碎的。所以，当家里有人买草莓酱时，你可以看看里面有没有这些子。如果没有的话，那就说明它是假的哦！

草莓对身体有很多好处呢！

你知道水果中的"维C之王"是什么吗?

水果一般都含有丰富的果汁,味道香甜,不仅含有丰富的营养,还能帮助我们消化。那你知道在水果中,被称为"维C之王"的水果是什么吗?告诉你吧,就是猕猴桃。

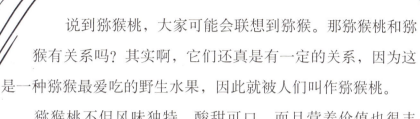

　　说到猕猴桃，大家可能会联想到猕猴。那猕猴桃和猕猴有关系吗？其实啊，它们还真是有一定的关系，因为这是一种猕猴最爱吃的野生水果，因此就被人们叫作猕猴桃。

　　猕猴桃不但风味独特，酸甜可口，而且营养价值也很丰富。虽然猕猴桃貌不惊人，但有"维 C 之王"的称号。它的果肉中含有大量的维生素 C，在水果中名列前茅。研究发现，100 克的新鲜猕猴桃果肉中，就含有 100 ～ 300 毫克的维生素 C，比苹果要高出 20 ～ 80 倍呢！所以，说猕猴桃是水果中的"维 C 之王"真的是一点儿都不为过哦！

蘑菇是怎样生长的?

金针菇

  蘑菇是一种比较低级的植物。夏天或秋天时，雨天过后，在大树的根部、山林中、草丛中，经常能发现蘑菇的身影。蘑菇的颜色有很多，白色的、黄色的、粉红色的、褐色的，而且大小也不一样，大的就像一把小伞，有的甚至一朵就有一斤多重呢，而小的则只有一枚纽扣大小。

  蘑菇不开花，也不结果，也没有看到它的种子，那它是怎样生长的呢？

  蘑菇是一种没有根、茎、叶，也不含叶绿素的植物，所以它不能像一般的植物那样通过光合作用制造自己生长所需要的营养。蘑菇的生长不需要阳光，主要是靠菌丝分解吸取培养基中的现成有机物来繁殖。

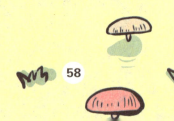

平菇

  蘑菇的繁殖主要靠的是孢子。孢子是圆形或者椭圆形的细胞。在蘑菇的下边，有像折扇一样的褶子，这就是菌褶。孢子就生长在这菌褶中，成熟后就散落到地面上。在一些干老的蘑菇上，有一层白色或黄色的粉末，这就是

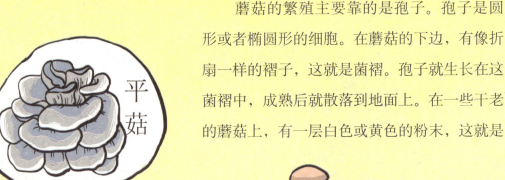

香菇

蘑菇的孢子。

孢子落到土壤里，很多年都不会死去，只要环境适宜，它们就会发芽，然后产生很多蜘蛛网似的菌丝，开始吸收养分和水分。之后菌丝上会长出菌核，菌核慢慢长大，钻出地面，一两天的工夫就会长成一朵蘑菇。

蘑菇有很多种，比如香菇、金针菇、平菇、草菇等。特别是香菇，味道鲜美，香气逼人，所以被称为"植物皇后"。蘑菇比较喜欢生长在温暖潮湿的环境中，一般来说，雨天过后是采集野蘑菇的好时机，但是，在采集蘑菇的时候一定要注意，有很多蘑菇是有毒的，不能食用哦！

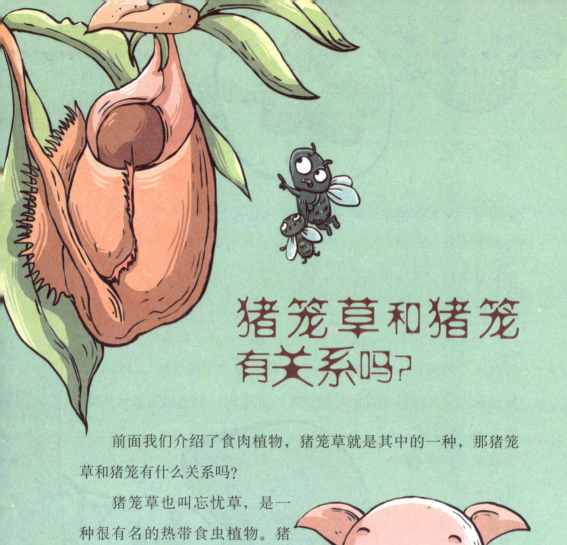

猪笼草和猪笼有关系吗?

前面我们介绍了食肉植物,猪笼草就是其中的一种,那猪笼草和猪笼有什么关系吗?

猪笼草也叫忘忧草,是一种很有名的热带食虫植物。猪笼草发育成熟后,会开出单性花,花朵小,颜色为红色或紫红色,但是花看起来并不好看,而且味道也不好闻。

猪笼草最特别的地方就是在它的身体上有一件"随身法宝"——一个很独特的捕虫囊。这个捕虫囊有各种形状，比如喇叭状的、圆筒状的、卵形的，等等；还有各种不同的颜色，有的是绿色，有的是红色，有的是玫瑰色。

猪笼草的捕虫囊是其卷须的一个小叶笼，因为形状和猪笼比较像，因此被称为"猪笼草"。捕虫囊下半部分比较大，边口比较厚，上面有一个小盖子，可以自由闭合。在猪笼草小的时候，这个捕虫囊的盖子是密封的，等长大后，盖子才打开，专门捕食那些送上门来的"冒失鬼"。

那么，猪笼草是怎样用这件"法宝"来捕食昆虫的呢？在猪笼草的盖子下面，分布着很多密密麻麻的小点，这些小点就是猪笼草的蜜腺，散发着芳香，这对昆虫来

说可是非常诱人的大餐哦！一些贪吃的昆虫就会被这些蜜腺散发的香味所吸引，纷纷飞过来，落到囊口去吃蜜。捕虫囊的上部是非常滑的，贪吃的昆虫就这样掉进猪笼草设置的这个"陷阱"中。这个时候，捕虫囊的盖子就会自动地盖上，昆虫也就被关在里面了。在捕虫囊的底部充满了弱酸性消化液，昆虫一旦掉进去，就会被消化液淹溺而死，并慢慢地被消化液分解，最终葬送掉自己的性命。消化液会将昆虫的尸体进行消化，分解出有营养的物质，被内壁吸收。

因为猪笼草的叶笼比较漂亮，具有一定的观赏价值，现在已经有很多地方将其作为观赏植物了。

捕蝇草能捕苍蝇吗？

看过猪笼草的介绍，是不是觉得这种草特别厉害呀？其实，在食虫植物中，还有比猪笼草更厉害的植物呢，比如捕蝇草。那捕蝇草捕食苍蝇吗？

捕蝇草也叫落地珍珠、食虫草、山胡椒、苍蝇草等。它不像猪笼草那样一味地等待昆虫前来，它具有攻击性。早在 100 多年

前，达尔文就曾经对这种草进行过研究。因为这种植物能够捕捉很多小昆虫，特别是苍蝇，因此，就被人们称为捕蝇草。

捕蝇草的茎很短，叶子像个莲座，最长的能达到15厘米。叶子的端部分为两部分，就像两片能够随时张合的蚌壳一样。而这两片叶子，就是它有力的捕食工具——捕虫夹。

捕虫夹上长有很灵敏且非常硬的刚毛，这些刚毛平时是张开的，而张开的叶子间还露出红色，吸引苍蝇前来。此外，捕蝇草还能散发出一种苍蝇喜欢的香气，假如苍蝇闻到这种气味，就会忍不住扑上来。当有苍蝇触碰到这些刚毛时，叶子的两边就迅速地闭合，将其捉住。整个过程用时很短，只有一秒钟左右。

不管苍蝇如何挣扎，都逃不出这个"牢笼"！而且它越挣扎，叶片夹得就越紧。这时，捕蝇草的叶片就开始分泌一种酸性很强的消化液去消化苍蝇了，然后从中吸收身体需要的养分。

捕蝇草进食完后，会留下很多残渣，比如说苍蝇翅膀的外壳对它是丝毫无用的，所以捕蝇草会毫不犹豫地将其吐出来。捕蝇草的捕虫能力是非常强的，经常能捉住苍蝇和其他的昆虫，有时，它还会将自己捕来的食物送给它的邻居，比如蜘蛛等。捕蝇草的捕虫能力也说明植物本身也具有一定的自卫功能。也正因为植物的这种能力，才能在长期进化过程中顽强地生存下来。

菟丝子长得像兔子吗?

春天来了, 菟丝子的种子开始发芽了, 不久, 我们就能在田边、路边、

我知道啦, 原来是菟丝子治好了兔子!

荒地以及山坡等地看到菟丝子这种植物。可是，大家看到后会觉得菟丝子和兔子长得一点儿都不像，反而它那菟丝像蛇一样在空中摆来摆去，一遇到寄主就会缠绕到上面。人们为什么给它起了这样一个名字呢？

其实呀，这里还有一个故事呢！

在很久以前，有一个非常喜欢兔子的财主，家里养了很多兔子，还为此专门雇了一个长工去照顾它们。这个财主告诉长工：一定要精心饲养他的兔子，不能发生意外，假如有一只兔子死了，就要将当月工钱的四分之一扣除。

长工不敢怠慢这些兔子，每天细心地照顾着。可是有一天，长工因为一只兔子"不听话"，不小心将它的脊骨打伤了。他担心财主知道后扣他的工钱，就将这只受伤的兔子偷偷地藏在了一块豆地中。可是，让他感到意外的是，没过两天，这只兔子不但没有死，伤反而奇迹般地好了。

为了一探究竟，这一次他故意将一只兔子打伤了，又将其放在豆地中，并仔细观察。结果他发现，受伤的兔子经常啃食一种缠在豆秸秆上的野生黄丝藤。结果，这只兔子的伤也好了。

他抱着试试看的态度将黄丝藤采回去，煎汤给有腰伤的父亲喝，结果父亲的腰伤也好了。之后，他又通过几个病人试验，结

果断定这种黄丝藤能够治病。不久，他就辞掉了这份长工的活计，回家当了一名专治腰伤的大夫。后来，他就给这种黄丝藤起名为"兔丝子"。因为它是一种草药，后来人们又在"兔"字的头上加了草字头，结果就变成了"菟丝子"。

其实，菟丝子还有一个可怕的名字，叫"吸血鬼"。这是怎么回事呢？原来呀，菟丝子在生长的时候，必须依靠一株植物，然

后在彼此接触的地方就会形成一些吸根，钻到这种植物的体内，贪婪地汲取这毫不费力得到的水分和养料。

当它依靠的一株植物体内的水分和养料被汲取完毕后，初生的菟丝子就死亡了。但是，其上部的茎却能够继续生长，上面还有很多细小的尖齿，然后就会将"魔爪"伸向另一株植物，再次形成吸根。之后，菟丝子的根还会向四周不断地扩展蔓延，严重的时候会将整株植物团团围住，导致植物死亡。菟丝子特别贪婪，有时一棵菟丝子竟然能缠住一百多棵黄麻呢！

也正因为菟丝子的这种卑劣的行径，人们便给它取了另外一个名字，叫"吸血鬼"。

菟丝子竟然这么恐怖！

69

眼镜蛇草很厉害吗?

　　说到眼镜蛇，大家的脑海中肯定会浮现出这种带有剧毒的爬行动物在进攻时那种凶猛的姿态。在植物世界中，有一种被称为眼镜蛇草的植物，不但外形和眼镜蛇相像，而且还能像猪笼草一样，专门捕食小虫子。

　　眼镜蛇草是一种非常有名的捕虫植物，原产于北美洲，偶尔在我国喜马拉雅山山区也能看到。眼镜蛇草多生长在多盐碱和土壤养分贫瘠的荒漠地区，也有一些生长在沼泽地带。

眼镜蛇草的捕食工具构造和猪笼草、捕蝇草不太一样，捕食小虫的招数也可以说是独辟蹊径，因此被称为"职业杀手"。

那么，眼镜蛇草又是怎样捕食的呢？眼镜蛇草的根茎中长有由叶子演化而成的瓶状器官，外表为黄绿色，并配有红色的脉纹，看起来很漂亮。每一株眼镜蛇草都有几个甚至十几个这样的瓶状叶。这个瓶状叶分成左右两片，就像眼镜蛇吐出的"芯子"。在这些"芯子"上分布着很多蜜腺，能够分泌蜜汁，并散发出浓烈的气味。

小虫子闻到蜜汁的香味后，会爬到"芯子"上面，然后再跑到蜜汁丰富的"蛇

"头"处。这里的叶子是圆筒状的，眼镜蛇草会沿着这个圆筒通道不断地深入进去，最后就被诱惑到了"瓶底"。这时候的小虫子就像掉进了一个陷阱，想要出去可没那么容易了。"捕虫瓶"内有许多透光的斑纹，这些斑纹很容易迷惑小虫子，它们常常会把这些斑纹误认为出口，想爬出去。可几经努力都无法逃生，

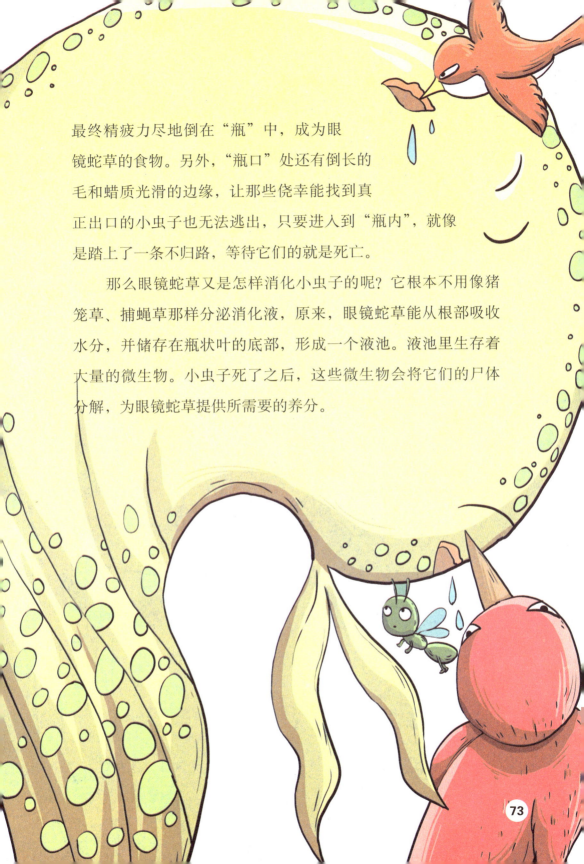

最终精疲力尽地倒在"瓶"中，成为眼镜蛇草的食物。另外，"瓶口"处还有倒长的毛和蜡质光滑的边缘，让那些侥幸能找到真正出口的小虫子也无法逃出，只要进入到"瓶内"，就像是踏上了一条不归路，等待它们的就是死亡。

那么眼镜蛇草又是怎样消化小虫子的呢？它根本不用像猪笼草、捕蝇草那样分泌消化液，原来，眼镜蛇草能从根部吸收水分，并储存在瓶状叶的底部，形成一个液池。液池里生存着大量的微生物。小虫子死了之后，这些微生物会将它们的尸体分解，为眼镜蛇草提供所需要的养分。

有时眼镜蛇草自身也会受到伤害。一些大点儿的动物或者鸟类都可能将它的瓶状叶弄破，然后吃里面尚未被完全分解的小虫尸体，同时还可以喝上几口美味的"肉汤"。

但由于眼镜蛇草外形非常像眼镜蛇，也使得一些小的食草动物望而生畏，不敢去吃它，它的这种自我保护方式还真是绝妙呢！

眼镜蛇草是瓶子草科的一个属，它还有许多近亲，比如头部外形酷似鹦鹉的鹦鹉瓶子草，头部外形像个皮球一样的球形紫瓶子草等。它们都和眼镜蛇草一样是捕食小虫子的能手，但知名度都不如眼镜蛇草高。眼镜蛇草以其独特而美丽的外形，受到很多人的青睐，同时也是许多玩家收藏的目标。

我们现在对它有了一定了解，接下来你会不会也想种一盆眼镜蛇草呢？它也许能帮你消灭家里的那些讨厌的蚊虫哦！

为什么鸡血藤会流出"血"来呢？

快看，植物流血了！

我们人类的身体中有血液在流动，动物的身体中也有血液，那植物是否有血液呢？答案是：有。在我国的南方地区，生长着一种名叫鸡血藤的植物，如果将一小段茎折断或者用刀将其割断，它就会像我们人类一样流出"血"来。你肯定会问：鸡血藤怎么会流出"血"来呢？

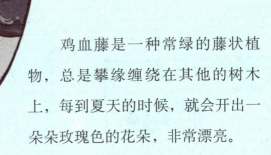

鸡血藤是一种常绿的藤状植物，总是攀缘缠绕在其他的树木上，每到夏天的时候，就会开出一朵朵玫瑰色的花朵，非常漂亮。

鸡血藤的韧皮部里面有很多由分泌细胞组成的小管子，这些小管子叫分泌管。它们每2～10个分为一群排列着，组成一个赤褐色的圆环。在这些分泌管中充满了棕红色的汁液。假如茎被弄断了，就可以看到"血"从分泌管中流出来。流出的"血"最开始是棕红色的，然后就慢慢变成了鲜红色，和鸡血一样，也正因如此，人们把这种植物称为"鸡血藤"。这种"血"干后，会凝固成亮而发黑的胶丝状斑点。

鸡血藤的"血"就像人类的血液一样，对滋养、维持鸡血藤的生命起着极其重要的作用。和人体血液不同的是，人体血液会在身体中循环流动，而这种"血"不会在鸡血藤的体内循环。

研究人员对这种"血"进行化学分析后得知，鸡血藤流出的这种汁液中含有树

树脂

糖

鞣质

脂、糖以及鞣质等物质，这些物质具有散气、去痛、活血的功用，因此可以作为药物使用。此外，鸡血藤的茎皮纤维还可以制造纸张、绳索等，茎叶可以灭虫。由此可见，大自然馈赠给我们的这种植物全身是宝呢！在植物界中，也正是这些稀奇古怪的植物深深地吸引着人们不断地去探索植物界的奥秘。

你听说过白茶吗？

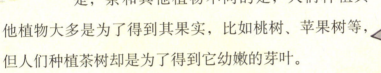

　　在我国的古代文献中，很早就有关于茶的记载了，茶的历史可以说十分悠久。但是，茶和其他植物不同的是，人们种植其他植物大多是为了得到其果实，比如桃树、苹果树等，但人们种植茶树却是为了得到它幼嫩的芽叶。

因产地以及制作过程的不同，茶叶的种类也很多。相信大家都听说过绿茶、红茶、黄茶，但是大家听说过白茶吗？白茶是白色的吗？和其他种类的茶有什么区别吗？

白茶的生产已经有 200 多年的历史了，在我国主要产于福建，台湾地区也有少量生产。

不同种类的茶叶，味道是不一样的，这是因为在不同品种的茶叶中，含有的风味物质是不一的。白茶是用早春季节采摘的茶叶制成的。因为这种茶叶和茶芽都比较嫩，绿色的叶子外面全都是白色的小茸毛，也正因如此，就得名"白茶"了。

白茶基本上都是靠日晒制成的。在加工的时候，不需要炒、揉等步骤，只要将细嫩、叶背布满茸毛的茶叶晒干，使得白色茸毛完整地保留下来就行了。这也是白茶呈现白色的缘故。怎么样，这个制作过程是不是很简单啊？

白茶最主要的特点就是呈银白色，给人一种"银装素裹"的美感。白茶的主要品种有白牡丹、寿眉、银针等。特别是银针，全身披着白色茸毛，形状挺直，像针一样。在众多的茶叶中，它可是外形最为优美的一种，深受人们的喜爱。

据专家说，白茶和绿茶、乌龙茶等茶类相比，可以提高人体免疫力，还能促进脂肪分解代谢。夏天喝点白茶，还能起到避暑的作用呢！但是，因为我们还未成年，所以还是不要喝茶为好哦！

尸花长什么样呢?

人们总是用"芳草香花"等句子赞美自然界的花草树木，鲜花的芬芳让人陶醉不已。但是，在植物的世界中，也有很多臭花、臭草，花朵盛开时奇臭无比。这里，就给大家介绍一种能散发臭味的花——尸花。虽然它的名字中没有"臭"字，但它依旧臭不可当。那尸花长什么样子，又是怎么散发臭味的呢?

尸花，学名叫泰坦魔芋花，也叫尸臭魔芋，是一种生长在南亚热带森林中的植物。尸花的个子不是很高，它的茎只有半米左右，但如果它的花序和茎连在一起，那可就非常高了，大约有三米高呢！

尸花可以说是比较长寿的花了，据说能活一百多年，但是它平常很少开花，一般一二十年才开一次。开花的时候，一个巨大的花序直接从地下块茎中长出来，紫红色的内壁也露出来。一根长长的肉黄色的棒状附属器高高地耸立着，高度可以达到两米左右，这在植物世界中可以说是最高的花序了。也正是这

好臭啊。

尸花为什么是臭的？

个原因，西方的植物学家将神话中的巨人的名字——泰坦赋予它了。

尸花的花序虽然很大，但花却很小。雄花和雌花生长在同一个花序上，一般情况下，雌花会先开放，等一两天后，雄花才会开花。为什么同一植株上的雌花和雄花不在一个时间开花呢？这主要是为了防止自花授粉。

可是，尸花开的花不但不香，反而奇臭无比。每当尸花盛开时，都会散发出一股浓烈的腐尸一样的气味，因此才得名"尸花"。这种刺鼻的气味主要是从尸花的花冠中释放出来的，在花冠成熟的时候，这种臭味最为浓烈。

然而，正是由于这种气味帮助尸花传宗接代。原来，当它准备授粉时，茎干就开始发热，花瓣逐渐打开，并散发出臭味，这种臭味可以飘到八九百米以外，于是就会吸引大量的喜食腐烂动物尸体的动物，比如苍蝇、甲壳虫等飞来。它们将

卵产在尸花的身上，这样等幼虫发育成熟离开后，就可以帮助尸花传播花粉了。原来，尸花发出的浓烈气味，是给那些动物们的信号呀，现在你明白了吗？

虽然尸花会散发臭味，但因为看到它开花的机会很难得，而且它的花期也非常短暂，只有几天的时间，长出果实后，花就枯萎了。所以不管是哪里的尸花开花了，都会吸引大批好奇的游客前来一睹它的芳姿，有的游客还会亲自闻一闻它的臭味，过一把臭瘾！

百岁兰真的能活百岁吗?

我们通常见到的植物，树木会落叶，花会枯萎。这时你可能会问，不是有句话叫"松柏常青，永不凋落"吗? 松柏的叶子应该不会凋落吧? 告诉你吧，松柏的叶子其实也是逐渐更替的，一部分脱落，一部分新生，所以我们看到的松柏

百岁兰为什么能活百岁?

总是郁郁葱葱的。那么，世界上有没有永远也不落叶的植物呢？

植物世界真是千奇百怪，五花八门，有一种植物就非常长寿，叶片能活一百多年，可以说是植物界中的老寿星，人们称它为"百岁兰"。百岁兰真的能活百岁吗？

百岁兰是生长在沙漠地区的一种植物，因其能适应极端的气候，并具有防沙固土的作用而闻名。百岁兰是奥地利植物学家弗雷德瑞克在1860年发现的。大多数百岁兰生长在距离海岸八十千米的多雾区域。现在最老的百岁兰的年龄竟然

达到了两千岁。

　　和恐龙一个时代的百岁兰一般只有在非洲狭长的沙漠中才能找到，可以说是远古时期留下的一种非常珍贵的植物，是一种植物"活化石"，所以植物学家将其列为八大珍稀植物之一。

　　那百岁兰长什么样子呢？这种奇特的植物相貌也非常奇特。它有着纤维质的粗短的茎，高不超过20厘米，周长却有4米左右，看上去就像一截矮树桩。

　　百岁兰的叶子在植物界中寿命最长且常绿，形状像条皮带，除了子叶外，只有两片叶子，每片叶子宽且平，各自朝相反的方向延伸。当这两片叶子长出来后，就会一直生长下去，和整棵植株一起生存上百年，而不会像一般的植物那样，春天发芽，秋天落叶。

　　那么，百岁兰的叶子那么大，而且不会凋落，其中的秘密是什么呢？原来，这和百岁兰生长的环境有关。前面我们介绍过，百岁兰生长在离海岸较近的沙漠中，海雾可以源源不断地给百岁兰提供水分，而百岁兰

的根又扎得非常深，便于从地下吸收水分，这样它就不怕干旱。而在百岁兰叶子的基部还有一条生长带，这里的细胞具有分生能力，可以使叶片不停地长大。更为特别的是，百岁兰的叶子上还有很多气孔，和其他的植物不同的是，这些气孔在雾大的时候就会张开，而在温度升高的时候就会闭合，这样就保证了水分在温度高的时候不会通过气孔挥发出去。这就是百岁兰仅有的两片叶子始终不老的秘密。

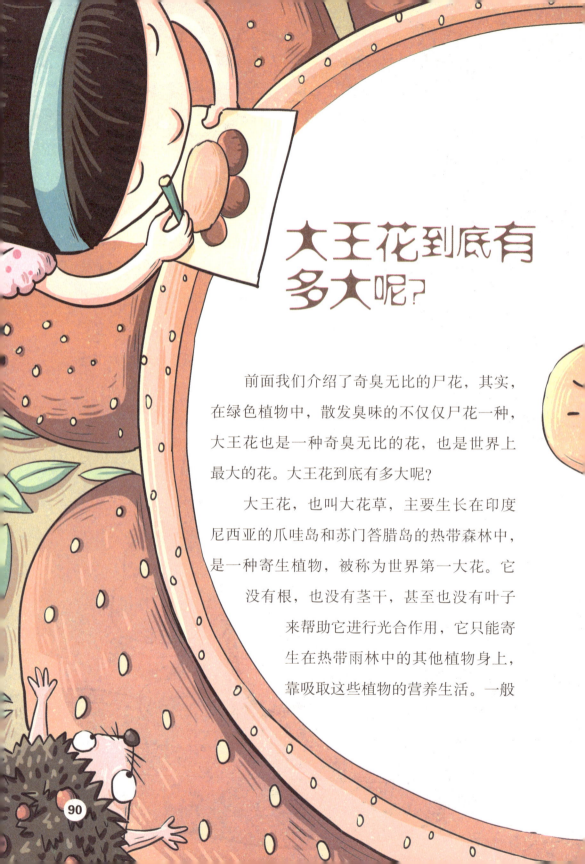

大王花到底有多大呢？

前面我们介绍了奇臭无比的尸花，其实，在绿色植物中，散发臭味的不仅仅尸花一种，大王花也是一种奇臭无比的花，也是世界上最大的花。大王花到底有多大呢？

大王花，也叫大花草，主要生长在印度尼西亚的爪哇岛和苏门答腊岛的热带森林中，是一种寄生植物，被称为世界第一大花。它没有根，也没有茎干，甚至也没有叶子来帮助它进行光合作用，它只能寄生在热带雨林中的其他植物身上，靠吸取这些植物的营养生活。一般

来说，大王花的一粒种子长成一朵大花，只需要几天的时间。种子在萌发时体积会膨大，之后穿过种子的外皮，长出一个和洋白菜有点相像的芽，之后用不了多久花就开放了。

大王花最为特别的还是它的大花。它的花到底有多大呢？它的花的直径能长到 1 米多，重量能达到 8 ～ 10 千克，就像我们吃饭的圆饭桌。花心看起来就像一个大面盆，能够装下 4 ～ 5 千克的水，甚至能将一个成

人藏匿其中。一般成熟的大王花有 5 片左右的花瓣，这些花瓣又大又厚，整个花冠呈鲜红色，上面还有很多白斑，看上去既绚丽又壮观。

可是，让人惊奇的是，这么大且美丽的花不但没有芳香扑鼻，反而奇臭无比，这种难闻的臭味能够传到几米以外。蝴蝶、蜜蜂都不愿意理睬它，所以帮助它授粉的只能是一群群喜欢臭味的苍蝇。其实，大王花在刚开花的时候，花朵还是有一点香味的，但是，一段时间后，就会变得臭不可闻。

让人感到遗憾的是，这种世界最大的花一生只开一朵花，花期只有短短的四天。之后，大王花的大花瓣就开始凋落了，用不了几个星期，其他的叶片也都迅速脱落，颜色也逐渐变成了黑色，最后成为一摊黑色的黏稠的物质。授粉后的雌性花，一般会在六七个月内逐渐形成一个有些腐烂的果实。

虽然大王花的花很大，但种子却很小，用肉眼几乎很难看清

楚。它的种子在传播时需要其他动物的帮助。因为大王花的种子带有黏性，当大象、野猪或者其他的动物踩到上面时，就会将种子带到其他地方生根，发芽，繁殖。但是，也有人认为这是松鼠的功劳。松鼠一边享用这种果实一边为了磨牙，将寄主的茎皮咬破，于是就把种子带进了破损的茎皮中。不管怎样，有了这些动物的帮助，就减少了大王花的"奔波"之苦。

由此我们也看出，植物世界真是无奇不有，各种奇特的植物真是让人惊叹呀！

含羞草一碰就合上叶子，这是为什么？

含羞草为什么一碰就"害羞"呢?

含羞草是一种常见的植物,在我国的云南、广东等地,总能看到成片成片的含羞草生长在田地里。它的叶子纤细秀丽,粉红色的花朵就像绒球一样。但是,不知道你是否注意到,含羞草的叶子特别敏感,只要你稍微用手碰一下,就会马上闭合起来,好像很害羞的样子。假如触动的力量大一些,它会连枝带叶一起下垂,整个动作在几秒钟之内就完成了。难道含羞草真的像我们人类一样,能体会到害羞的感觉吗?

原来呀,含羞草最早产在南美洲的巴西,那里处于热带地区,经常出现暴风雨的天气。所以,每次暴风雨来临,含羞草的叶子就会闭合,叶柄下垂,否则,它那娇嫩的叶片是根本经不起狂风暴雨的伤害的。所以说,含羞草的这个"害羞"的特殊本领是长期适应环境的结果。

　　含羞草在受到刺激后，会以最快的速度将危险通知给全身的叶片和叶柄。含羞草和我们人类一样，都有非常敏感的神经，只不过含羞草对刺激反应最敏感的部位叫叶枕。含羞草的每个叶柄和总叶柄的基部都有一个叶枕。叶枕中有很多水分，假如含羞草受到触碰，叶枕下部细胞里的水分就会马上向上部和两侧流去。这样，叶枕的上半部就鼓起来，下半部就瘪下去了，叶柄就低垂了。假如触碰的力度较大，那么总叶柄也会出现这种情况。

　　但含羞草不会一直保持这种状态，几分钟后，你就会发现它又恢复了原状。在这个紧缩的过程中，叶枕发挥着相当重要的作用呢!

　　可能正是因为含羞草会"害羞"，所以我们看它总是一副楚楚动人的样子，给人一种文弱清秀的感觉。

藕是荷花的根吗?

从古至今，荷花就是宫廷苑囿中比较珍贵的水生花卉，在今天，荷花也备受人们的青睐。古代还有诗人形容它"出淤泥而不染"。荷花之所以有这样的美誉，还要得益于埋藏在池塘污泥中的藕。有人说，藕就是荷花的根，你看它长得粗粗大大的，一看就知道是根。那么，藕真的是荷花的根吗?

莲子真好

从表面上看，藕的长相的确很像根，但实际上，它不是根，因为绝大多数植物的根上都没有节，但我们知道，藕是分节的。其实分节的藕是荷花的茎，只不过是一种变态的根状茎。在藕节的地方，有很多向下生长的丝状的根，而向上则长出带着长柄的荷叶和开着粉红色或者白色的鲜艳的荷花。

如果将藕切开，会发现里面有很多管状的小孔，这些小孔可是藕生长的关键呢！因为藕生长在淤泥中，所以它的呼吸可全靠这些小孔喽！

这时肯定会有人联想到莲子，那莲子又是什么呢？其实，在荷花凋谢之后，我们就会看到一个个蓬松的大莲蓬，里面长着很多小果子，将其果皮剥去后，里面就是莲子了。因为莲子不容易发芽，所以人们就栽种和手指一样粗细的莲鞭。莲鞭顶端的节不

断地贮存养料，逐渐变得粗大起来，这就是我们经常吃的藕。这样看来，荷花、藕、莲子都是莲的一部分。

其实，在植物界中，像荷花这种有着根状茎的植物还有很多，比如竹子，如果有机会，大家可以仔细观察一下，竹子在地下就有盘根错节的竹鞭。虽然它看起来也很像根，但实际上是根状茎。这种茎在地下不断生长，它产生的腋芽，就是美味的竹笋了哦！

独叶草真的只有一片叶子吗?

平时我们看到的植物大多枝繁叶茂，花团锦簇，但是有一种植物却非常孤独，它只有一朵花，一片叶子，真可谓是"独花独叶一根草"了。你肯定迫不及待地想要知道它的名字吧！告诉你吧，它的名字叫独叶草。

独叶草可是我国特有的一种植物，主要生长在高山的原始森林中，生长的环境非常寒冷、潮湿，也十分隐蔽。因为它的生长环境比较特殊，而且种子也很难采集到，人工培育比较困难，所以，独叶草已经是我国比较珍稀的植物之一了。

独叶草分为地下、地上两部分。地下部分高约 10 厘米，生长在土壤表面的腐殖质中，主要是细长分支的根状茎，茎上还长着很多鳞片和不定根。地上部分

主要是由一片叶子和一朵花组成。

叶子近似圆形，花呈淡绿色，叶子和花的长柄就生长在根状茎的节上。

　　独叶草的结构也比较独特，它叶脉的脉序是原始的脉序，这在它所属种类的植物中是独一无二的。此外，独叶草的很多构造都有着原始的特征。因此，它于 1914 年在云南高山上被发现后，就受到了国内外学者的重视。据说，它的构造还为研究被子植物提供了很多资料，甚至还有人认为，它或许还会成为中国生物多样化的一个关键物种呢。

　　此外，独叶草还是一种珍贵的药材，具有健胃、祛风、活经等功效，因此有"世珍国宝"的美称。由此看来，我们还真不能小瞧这独叶独花的独叶草呢！

卷柏真的能"死而复生"吗?

大家对卷柏这种植物一定很陌生，但要说到九死还魂草，相信很多人都听说过，其实，九死还魂草就是卷柏。

卷柏一般生长在岩石峭壁地区，长得比较矮小，有点像柏树，呈绿色或者棕黄色，枝上有密生的鳞片状的小叶子。

明明已经死了，它怎么又活了?

卷柏有一个非常奇特的本领，就是在天气干燥的时候，它的叶子干干的，而且还缩成一团，就像我们握紧了的拳头，表面看起来好像是死掉了。但是，一旦遇到了雨天，汲取了雨水，它的叶子就会重新舒展开来，又变成了青绿色，继续生长。关于卷柏还有这样一个故事：

有一次，一个喜欢做标本的人将卷柏压制成了标本，放在了书橱中。几年之后，这个人将标本拿了出来，无意中把它掉在了水中，没想到，这个标本竟然奇迹般地"活"了过来。怎么样，卷柏的这种"死而复生"的本领是不是很高强呀？

卷柏的抗旱能力是非常强的，即使体内的含水量降低到5%以下，也依旧保持着顽强的生命力。

其实，卷柏之所以有这样的本领，与它的生长环境是密不可分的。大家都知道，峭壁上不但土壤贫瘠，而且蓄水量也比较差，在这样的环境中，要想得到充足的水分是不可能的。为了生存，

卷柏的身体结构就渐渐地发生了变化。

卷柏就这样一遍一遍地扮演着"死而复生"的角色，有水则生，无水则"死"，不但没有被旱死，反而代代相传，繁衍不息。也正是这个原因，人们还给它起了很多名字，比如长生不死草、万岁草。

另外，卷柏的作用也不小呢，可以全草入药，有活血通络的作用，还可以止血呢！

花生的果实为什么长在地下呢?

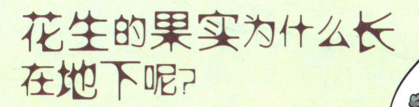

花生是大家喜欢的食品之一，也是植物世界中唯一一种在地上开花、地下结果的植物，因此还有一种说法叫"落花生，落花生，花儿落地果就生"。那么，

花生为什么长在地下，草莓却长在地上呢?

花生的果实为什么长在地下呢?

不知大家是否注意到，一般的植物，在开花授粉后，用不了多长时间，枝条上就挂满了一个个诱人的果实。但是，花生却非常特别。如果你细心地观察就会发现，虽然花生的枝条上也开了一朵朵金黄色的小花，但是这些花落之后，却看不到它的果实。相反，它的果实却在黑暗的土壤中慢慢长大了。地上开花，地下结果，花生的脾气还真是奇怪呀!

其实，花生在地下结果实，是因为花生的幼果必须在黑暗的、湿润的土壤中才能慢慢长大，最后形成果实。有人曾做过一个实验，当花生开花后，就把它的根部暴露在空气中，最后没有结果实；而当他将花生的根用黑色的纸袋子包好后，再将受过精的子房包起来，结果居然发育成果实了。所以，要想花生结果实，一定要有一个黑暗的环境。

花生的花主要有两种：一种花长在枝蔓的上部，花开过之后就凋谢了；另一种花长在枝蔓的下部，这些花开过三四天之后，子房柄就开始生长了。

子房柄最初的时候是向上生长的，后来慢慢地就转入地下了，已经受精的子房就开始钻入土壤中，在土壤中生长。一般来说，子房柄一天能长四五毫米，二十天就能长到十几厘米，一般在钻入土中五至八厘米后就停止了生长。这个时候土中的子房开始膨大，最后形成果实。

所以，如果花生在开花的时候土壤湿润，在花生秧下的土壤疏松，这样子房柄就很容易钻到土中，这样花生结的果实会更多哦！

罗汉果的名字是怎么来的?

在植物王国，有很多植物能够治病，前面我们也介绍了很多，而这些植物也有很多有趣的故事。你听过罗汉果吗? 你知道罗汉果的名字是怎么来的吗?

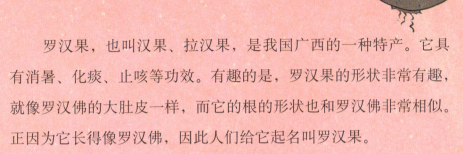

　　罗汉果，也叫汉果、拉汉果，是我国广西的一种特产。它具有消暑、化痰、止咳等功效。有趣的是，罗汉果的形状非常有趣，就像罗汉佛的大肚皮一样，而它的根的形状也和罗汉佛非常相似。正因为它长得像罗汉佛，因此人们给它起名叫罗汉果。

　　关于罗汉果，还有一个故事。在很久很久以前，有一个瑶族的山民上山砍柴，无意中发现一棵树上挂满了很多圆球状的果实。于是，他好奇地摘了一些带回家中，挂在屋檐的下面。有一天，他突然受了风寒，咳嗽不止，痛苦不堪。一位好心的乡邻给他请了一位名叫罗汉的医生。罗汉医生检查完他的病情后，发现了他挂在屋檐下的那些果实，便将这些果实熬成汤药，让山民喝下去，结果只喝了三次，山民的风寒就完全好了。此后，这位罗汉医生又用这种果实给很多人治好了病。后来，人们为了纪念罗汉医生，便给这个果实起了名字，叫罗汉果。

为什么昙花要在夜晚才开?

大家肯定听过一个成语，叫"昙花一现"，用来形容美好的事物持续的时间非常短，顷刻间就消逝了。那为什么用昙花来比喻呢？原来昙花开的花非常大而且特别漂亮，但是白天的时候却不开花，只有到晚上八九点以后才开，而且开花的时间也非常短，一般三四个小时就凋谢了。正因如此，人们用昙花一现来比喻美好的事物不持久。可是，昙花为什么只在晚上才开呢？

　　昙花，也叫琼花、月下美人，是一种非常出名的观赏植物。在我国民间，昙花还有一个名字，叫韦驮花。这个名字的背后还有一个美丽的故事。

　　传说昙花是一个漂亮的花神，每天都开花，一年四季灿烂无比。后来，她爱上了那个每天给她除草的小伙子，结果被玉帝知道了。玉帝大发雷霆，就将花神贬为一生只开一瞬间的花，阻止她和那个小伙子见面，还将那个小伙子送到灵鹫山出家为僧，赐法号为韦驮，让他忘记以前的事，忘记花神。但是，花神却时刻记着这个小伙子。韦驮在每天入夜的时候，都要到山上去采春露，给佛祖煎药，于是，花神就选择在这个时间开花，希望能见他一面。让人遗憾的是，春去秋来，花开花谢，韦驮始终都没有认出花神。但花神并未放弃，依旧

夜夜开放，等待着韦驮和她相认，直到今天……

　　当然，这只是个传说。实际上，昙花最初是生长在墨西哥到巴西的热带沙漠中的。那里昼夜温差非常大，白天非常炎热而且干燥，但到了晚上，则非常凉爽。所以娇嫩的昙花选择在晚上开放，否则一旦白天开放就会被沙漠中的太阳烤焦。此外，在晚间开放还有一个好处，那就是缩短开花的时间，减少了水分的蒸发，这样更有利于昙花的生存，使得生命得以有效地延续。就这样，昙花在晚间开放的特性就慢慢形成了。

昙花的枝叶翠绿，看起来非常美。每到夏秋深夜的时候，昙花就开始展现它的美姿了。它开放的时候，首先是花筒慢慢翘起，然后绛紫色的外衣慢慢打开，很快，由二十几片花瓣组成的洁白的花朵就开放了。只见花朵微微地舞动着，真的是太漂亮了，而且还有一股清香的味道。如果栽种的面积较大，当其开花的时候，就仿佛大片的雪花在飞舞，景象非常壮观。但是，没多久，这美丽的花朵就凋谢了。

昙花就这样悄悄地绽放，又瞬间地凋零，而这也更显得它魅力无穷，更深得人们的喜爱。

为什么说天女木兰是花中的"活化石"呢？

　　提到木兰，肯定很多人会联想到那位替父从军的花木兰了。花木兰女扮男装，代父从军，征战疆场12年，屡建奇功。但是，我们这里说的天女木兰和这位巾帼英雄没有关系。天女木兰是一种开花植物，也是一种非常珍贵的植物，被称为花中的"活化石"。

　　天女木兰也叫天女花、小花木兰，因为其花瓣洁白，香气迷人，微风吹过，花朵随风飘舞，就像天女散花一样，因此得名天

我是花木兰。

女木兰。天女木兰被认为是植物王国中的"准太后"和"活化石"，是国家稀有的植物和濒危植物之一，而且，它还是太古第四纪冰川时期幸存下来的名贵花卉，因此被认定为国家三级保护植物。看来，它还真是珍贵呀！

天女木兰叶子表面为绿色，背面为苍白色。花瓣为白色，有点像杯子的形状，很清香，一般在五六月份开花，有的可能会延长到七月份。当花盛开时，满树都是白色的花朵，随风飘荡，芳香无比，真是美丽极了，令人心醉。由于天女木兰珍贵稀有，花开得也很淡雅，人们又把它称为原始圣花。

天女木兰全身都是宝呢！它的花漂亮、芳香、美丽，是绿化、美化庭院的观赏植物。它的花、茎和叶都含有芳香油，可以作为高级香料的提取原料。这种香料可以用在化工、卷烟、化妆品等方面，是作为增香剂的佳品。此外，天女木兰的优良木质还可以用来制作家具、雕刻等。

天女木兰一般喜欢在海拔较高的湿润山谷中生长。作为第四纪冰川期幸存下来的植物，天女木兰经过了地壳运动、冷暖多变的冰川期，依旧保留着淡雅的芳香，不得不让人赞叹。

什么花是"百花之王"?

春天，万物复苏，百花吐艳，美丽醉人的茉莉、仙女般的水仙、香味浓郁的月季、出淤泥而不染的荷花，等等，真是花团锦簇，美丽动人。而在这众多种类的花中，有一种花被称为"百花之王"、"国色天香"。你知道是哪一种花吗？它就是牡丹。

牡丹又叫洛阳花、谷雨花，是我国久负盛名的花卉，花色鲜艳，花姿典雅。它原产于我国西部的秦岭和大巴山一带，世界各国种植的牡丹都是从我国引种的。

牡丹植株生长缓慢，株型也比较小，一般在 0.5 ~ 2 米之间。

叶子为深绿色或者黄绿色，有披针、椭圆等形状。花生于枝顶，大且颜色鲜艳，形美多姿，颜色也众多。牡丹也结果，果呈五角形，每个果约有十粒子，刚成熟时为蟹黄色，久而久之就变成了黑褐色。

牡丹和其他花卉一样，其主要特征就表现在它的花冠上，在花形上，牡丹分为三类十二形；在花色上，牡丹有八大色，比如绿色的"豆绿"、白色的"夜光白"等；在香味上，牡丹的香味也比较浓烈，特别是紫牡丹。

在我国，以洛阳牡丹最为有名，可以说是一种精神的象征。千百年来，关于洛阳牡丹有很多传说和故事。其中，最为有名的要属武则天贬牡丹了。

相传，武则天曾在一个大雪纷飞的冬天命令百花齐放以供欣赏。百花仙子得知这一消息后，都吓坏了。第二天，除了牡丹外，其他的花都开放了。因为它觉得冬日开花，有悖时序。武则天得知后，非常生气，便命人将所有的牡丹花都烧了。所以，我们今天看到牡丹的枝干仍旧是干枯的。即使这样，武则天的怒气依旧未消，还下令将其他地方的牡丹都连根拔起，扔到了洛阳邙山。这里沟壑交错，偏僻凄凉，但顽强的牡丹还是生存了下来。

这么冷的天，牡丹竟然开花了！

牡丹雍容华贵，株型端庄，我国传统上一直将其视为吉祥富贵的象征。虽然牡丹被称为"花中之王"，但它依旧保持谦和的品性，从不和其他花争艳。不仅如此，牡丹的身上还有很多宝贝，比如它的根可以当作药材，被称为"丹皮"，可以治疗高血压、清热散瘀、消肿去痛等，而它的花瓣还可以食用，味道非常鲜美。

　　从古到今，众多的诗人、学者、专家等都为牡丹痴迷、惊叹，而且留下了很多诗句。现在，古都洛阳每年都会举行一次"牡丹花会"，这时牡丹花千姿百态，姹紫嫣红，真是让人陶醉。

　　除了洛阳外，山东菏泽的牡丹也非常好看。每年的四五月份，牡丹争相盛开，吸引了大量的游客以及国际友人前来观赏。

雪莲真的不怕寒冷吗?

　　在我们的印象中，高山地区非常寒冷，冰天雪地，一片白茫茫的世界，那里肯定很难有植物存活。而实际上，虽然高山地区气候恶劣，但依旧不乏生长着一些开花植物。这些植物以其顽强的生命力抵抗着冰雪的袭击。比如雪莲，以其不屈的性格，即使在严寒的峭壁上，依旧傲雪怒放。那么，雪莲是如何在这如此之高、如此之寒的地方生活下来的呢？

　　雪莲的种类很多，比如水母雪莲、西藏雪莲等。其地面以上的植株非常矮，根茎粗壮，茎的顶部是十几枚薄薄的淡黄绿色的苞叶。苞叶有上下两层，顶部微微向外部张开，外形就像盛开的莲花花瓣，加上其生长在高山积雪的环境中，因此被称为"雪莲"。但是，雪莲的真正的花是苞叶叶片包裹的中心部分。花大多为蓝紫色，由二十几个圆形的头状花序组成，整个看上去就像菊花的大花盘。每年七月份是雪莲开花的季节，头状花序上的小花竞相开放，这个时候，才看出这是一朵朵伴随着积雪一同盛开的冰山上的雪莲，而且花香袭人，在几十米远的地方都能闻到它的香味。

雪莲主要分布在我国新疆的天山、四川、西藏等地的4500～4800米的高山上。那里终年寒冷，风雪交加。那么，雪莲就不怕寒冷吗？它为什么能在高山冰雪中生存下来呢？

其实，任何植物都害怕严寒，只不过雪莲长期以来已经适应了这种环境，具有很强的耐寒性。首先，雪莲的身上长满了白色的毛，棉毛交织，就像棉球一样。白天在阳光的照射下，它可以吸收更多的热量，而到了晚上，它的温度又降低得很慢，所以能够保暖御寒，并能防止水分过快地蒸发。其次，雪莲的根系又粗又长，深

哇，这就是雪莲啊！

入岩石的缝隙深处，吸收养分和水分。另外，雪莲的植株比较矮，叶子仿佛是从地里直接长出来一般，这样更能抗拒大风。

因为雪莲的顽强，自古以来，人们就赋予它很多美好的品性。相传，雪莲是王母娘娘在天池洗澡时，由仙女们撒下的，因此被视为神物。在民间，雪莲带有神秘的色彩，牧民在路上看到雪莲，会认为看见了吉祥的征兆，就连喝下雪莲苞叶上的露珠都被认为能驱邪益寿。

实际上，雪莲的生存习性和独特的生存环境，使得它也有一定的药用价值。它可以治疗关节炎、牙痛等，被人们称为"药中极品"。现在，在新疆已经开始人工种植雪莲，以满足社会的需要。

为什么有些梅花要在冬天开放呢?

　　说到雪莲，说到寒冷，大家肯定又会联想到梅花。"梅花香自苦寒来"，在寒冬腊月，天气最为寒冷的时候，一朵朵不畏冰霜的梅花就傲立于枝头。那为什么很多梅花都喜欢在冬天开放呢?

梅花香自苦寒来。

125

梅花就是梅树的花。梅花种类繁多，原产于中国，后来传到韩国和日本，又从日本传到西方各个国家。梅花的颜色很多，有粉红色的、白色的以及红色的，花瓣为 5 瓣或者 5 的倍数，花先叶而放，香气宜人。梅花比较"长寿"，对土壤的要求不高，即使土壤非常贫瘠，也依旧能生长。

梅花比较喜欢温暖的气候，但是不怕严寒。而它的这种不畏严寒、傲霜斗雪的精神及清雅高洁的形象，也是中华民族的象征，向来为中国人民所尊崇。它之所以喜欢在冬天开放，主要是因为这个时候，其他植物的生长都停止了，这样它就能获得更多的养料。怎么样，梅花是不是很"聪明"啊？

风雨花是怎么预报天气的?

在自然界中，可以通过观察很多动物的活动，为我们人类预报天气，比如"蛤蟆大声叫，必有大雨到"。而在植物王国，也有一些植物具有预报天气的本领，比如风雨花。那风雨花是怎样预报天气的呢?

风雨花也叫韭莲、红玉帘、菖蒲莲，其叶子呈线形，扁扁的，有点像韭菜的叶子。其茎为圆形，比较粗。风雨花在每年春夏季

节开花，花朵为粉红色或者玫瑰红色，很漂亮。

风雨花最初产于墨西哥，比较喜欢生长在肥沃、排水良好、带有一点儿黏性的土壤中。

风雨花不但长得好看，还能预报天气。每当暴风雨即将到来时，风雨花就精神抖擞，大量开放，红色的花朵染红了大地。而等风雨过后，其色彩绚丽，就像天边的晚霞一样。后来，人们发现了它预报天气的本领，就给它起名叫风雨花了。

可是，它为什么能够预报天气呢？原来，在暴风雨来临之前，天气闷热，外面的大气压降低了，这样，植物的蒸腾作用就增大了。风雨花贮藏养料的茎就会产生大量的激素，这种激素会促使风雨花开出很多红色的花朵。所以，人们在出门之前，总会看看这种花。

风雨花真的可以预报天气啊！

其实，像风雨花这样能预报天气的植物还有很多，比如在澳大利亚和新西兰生长的一种叫"报雨花"的花，也能够预知晴天和雨天。不只是花草，一些树木也能知天气，比如我国广西有一种青冈树，天气久旱要下雨时，树叶会变成红色，而天气转晴时，树叶又变成深绿色，所以人们称它为"气象树"。

怎么样，这些具有预报天气功能的植物是不是很有意思啊？由此看来，植物界还真是一个奇妙的王国呀！

石头花是长在石头上的吗?

　　我们见过的植物大都是在土壤中或者水中生长的，可是这种叫作石头花的植物真的是长在石头上的花吗?

　　石头花也叫生石花、元宝等，是世界上著名的小型植物。但是，要告诉大家的是，石头花的样子是适应环境的结果，可不是长在石头上而开出来的鲜花。因为它的样子和石头非常相似，因此才被人们称为石头花。

石头花的品种比较多，但所有品种的外形和颜色都和卵石比较接近，因此，人们又将它称为"卵石植物"。

石头花的花朵很大，可以将整株植物都覆盖住，非常鲜艳娇美，颜色也有很多，比如黄色的、白色的、红色的，等等。一般情况下，石头花都是在下午盛开，到了晚间就闭合了，等到第二天再次开放。一朵花一般能够开十天左右。花朵凋谢后，就会结出果实，这时，就可以收获小种子了。

石头花的抗旱本领比较强，在其体内有很多细胞，这些细胞像海绵一样能够贮存大量的水分。如果水分不足的时候，石头花就依靠这些预先贮存在体内的水分来维持生长所需。此外，石头花的叶顶还有一个特殊的"小窗"，主要是让阳光照射进来。

　　为了防止阳光直射的伤害，在"小窗"的上部还有很多花纹。

　　那为什么石头花要长成石头的模样呢？原来，这也是植物的一种自我保护方式。石头花将自己装扮成石头的样子，就能鱼目混珠，蒙骗动物，从而避免了被吃掉的危险。

　　石头花最初生长在非洲南部的沙漠地带，那里干旱少雨，为了适应这种环境，也为了更好地繁衍，石头花的表皮颜色和周围的卵石很相近。如果没有开花，你还真的很难辨认出它是石头还是石头花呢！

无花果真的没有花吗?

在植物王国中，无论哪一种植物，只要有果实，那就一定有花。看起来没有花但实际上有花的植物有几百种，无花果就是这些植物中的一个典型。相信吃过无花果的人非常多，但真正看到过无花果的花的人却非常少。

好好吃啊!

其实，说无花果没有花，只不过是一种误解。无花果是一种有花植物，而且花还不少呢，只不过它的花的生长位置非常隐蔽，人们很难看到而已。

无花果最初产于西南亚的沙特阿拉伯等地，在地中海沿岸的一些国家，无花果被称为"圣果"。在唐朝的时候，无花果传到我国，所以无花果已经有上千年的历史了。

无花果树的树皮为暗褐色，树枝粗壮光洁，茎内含有乳汁，一旦无花果的树干出现伤口，就能看到从中流出乳汁来。

无花果实际上是有花的，只是没有桃花、樱花那么漂亮。既然有花，怎么还叫它无花果呢？原来，这只是古人的粗心而造成的错误。古人当时只看到它结出果实，而在此之前从来没有看到过其开花授粉，所以给它起了这样一个名字。实际上，如果在无花果发芽长叶后仔细观察，就会在无花果树的囊状花托中看到它的花。无花果的花为淡红色，没有花瓣，上部为雄花，下部为雌花。

而我们平时吃的无花果也不是它真正的果实，而是它的花托长大后的"肉球"。无花果的花和果实就藏在这个"肉球"中。因为它的种子特别小，而且比较软，所以我们在食用的时候是感觉不出来的。而因为花隐藏在这个"肉球"中，所以从外面我们看不到它的花，这种花在植物学上被叫作"隐头花序"。假如将无花果的这个"肉球"切开，

用放大镜看一下，就能看到这里面长着很多绒毛状的小花。由此可见，无花果的名字其实是名不副实的。

　　无花果汁多味美，营养丰富，有点类似香蕉。无花果中的果糖和葡萄糖的含量非常高，可以制作果干、果酱和罐头等食品。

此外，无花果中还含有蛋白质、各种维生素等，具有开胃、清热解毒以及止血等功效，对便秘、咽喉炎也有一定的疗效哦！

　　在植物世界中，"有花无果"或者"有果无花"的情况是不会发生的。类似无花果这种未看到花就结果的植物还有很多，比如榕树、菩提树等。有机会的话，你可以仔细观察一下它们的花的位置哟！

箭毒树真的有剧毒吗？

如果有人问世界上最毒的植物是什么，那当然是箭毒树喽！只要见过它的人，都会这样回答。如果你到云南西双版纳的热带雨林中旅行，可千万要小心哦！因为你稍不留意，就有可能碰上这种全世界最毒的植物。人们提到箭毒树，往往会"谈树色变"。难道箭毒树真的有剧毒吗？

其实，我们从它的名字就可以看出来，它可绝对不是一个等闲之辈。箭毒树也叫箭毒木、见血封喉树、大药树，主要分布在我国广西、云南的热带雨林中，在印度和印度尼西亚也有分布。

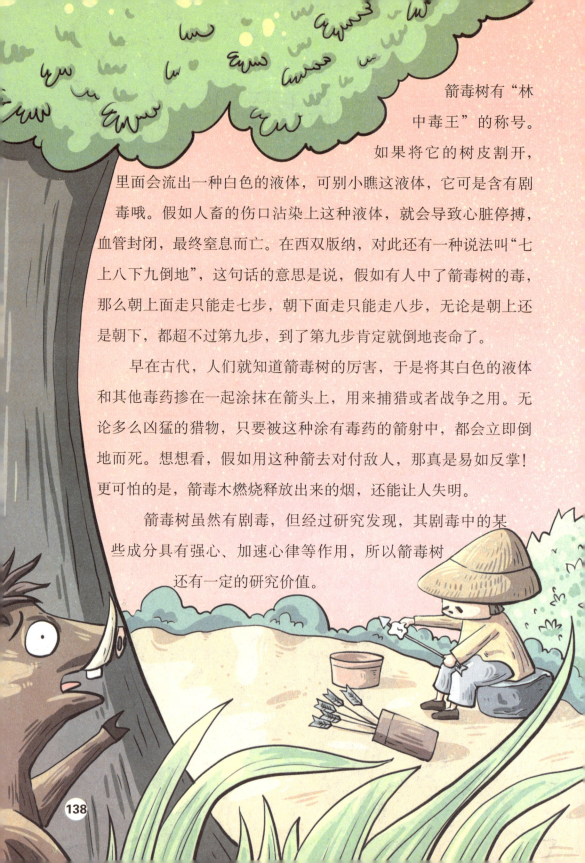

箭毒树有"林中毒王"的称号。如果将它的树皮割开，里面会流出一种白色的液体，可别小瞧这液体，它可是含有剧毒哦。假如人畜的伤口沾染上这种液体，就会导致心脏停搏，血管封闭，最终窒息而亡。在西双版纳，对此还有一种说法叫"七上八下九倒地"，这句话的意思是说，假如有人中了箭毒树的毒，那么朝上面走只能走七步，朝下面走只能走八步，无论是朝上还是朝下，都超不过第九步，到了第九步肯定就倒地丧命了。

早在古代，人们就知道箭毒树的厉害，于是将其白色的液体和其他毒药掺在一起涂抹在箭头上，用来捕猎或者战争之用。无论多么凶猛的猎物，只要被这种涂有毒药的箭射中，都会立即倒地而死。想想看，假如用这种箭去对付敌人，那真是易如反掌！更可怕的是，箭毒木燃烧释放出来的烟，还能让人失明。

箭毒树虽然有剧毒，但经过研究发现，其剧毒中的某些成分具有强心、加速心律等作用，所以箭毒树还有一定的研究价值。